教育部高等学校电子信息类专业教学指导委员会规划教材
高等学校电子信息类专业系列教材·新形态教材

“十三五”江苏省高等学校重点教材（立项编号：2019-2-126）
江苏省“十四五”普通高等教育本科规划教材

单片机原理与应用

体系结构、程序设计与综合案例

新形态版

陈苏婷　刘恒　编著

清华大学出版社
北京

内容简介

本书以8051单片机为主体,全面介绍其系统结构、工作原理、内部功能部件的特性及单片机应用系统的设计技术和方法。

本书主要内容包括微型计算机基础知识、51系列单片机程序设计及开发环境、MCS-51单片机接口技术、MCS-51单片机及单片机拓展应用。本书包含了浅显易懂、典型实用的工程技术凝练的例题。附录A介绍了Keil μVision4集成开发环境及其应用,附录B介绍了Proteus ISIS仿真设计工具供读者参考学习。

本书充分考虑教学内容的实用性、通用性、先进性,综合了目前单片机教材的优点,深入浅出,讲清疑难点,可作为各类电子技术人员的工具书,也可供高校师生和电子技术爱好者阅读学习。

图书在版编目(CIP)数据

单片机原理与应用 :体系结构、程序设计与综合案例 :新形态版 / 陈苏婷,刘恒编著. -- 北京 :清华大学出版社,2024. 10. --(高等学校电子信息类专业系列教材). -- ISBN 978-7-302-67394-1

Ⅰ. TP368.1

中国国家版本馆CIP数据核字第202487A3G3号

责任编辑:曾　珊
封面设计:李召霞
责任校对:刘惠林
责任印制:杨　艳

出版发行:清华大学出版社
网　　址:https://www.tup.com.cn,https://www.wqxuetang.com
地　　址:北京清华大学学研大厦A座　　邮　　编:100084
社 总 机:010-83470000　　邮　　购:010-62786544
投稿与读者服务:010-62776969,c-service@tup.tsinghua.edu.cn
质量反馈:010-62772015,zhiliang@tup.tsinghua.edu.cn
课件下载:https://www.tup.com.cn,010-83470236
印 装 者:天津鑫丰华印务有限公司
经　　销:全国新华书店
开　　本:185mm×260mm　　印　张:11　　字　　数:271千字
版　　次:2024年10月第1版　　印　　次:2024年10月第1次印刷
印　　数:1～1500
定　　价:49.00元

产品编号:103549-01

序

FOREWORD

单片机自产生以来发展迅速，呈现百家争鸣的局面，已在工业测控、机电一体化、智能仪表、家用电器、汽车电子、航空航天及办公自动化等领域占据重要地位。单片机从一开始的8位单片机发展到16位、32位等诸多系列，其中51系列单片机以其高性价比、高速度、小体积、可重复编程和方便功能扩展等优点，在实践中得到了广泛的应用。51系列单片机作为应用最广泛的单片机体系，是高等院校电子信息、自动化及相关专业的必修科目所需要学习的内容。

目前，单片机正朝着兼容性、单片系统化、多功能和低功耗的方向发展。具体表现在三方面：①从MCS-51系列单片机的一枝独秀，发展成它与各种兼容机互为补充、各领风骚、百花齐放的新格局；②单片机被集成到智能传感器及网络通信芯片中，应用面广；③自动驾驶汽车、智能家居等智能产业的出现，预示着在人工智能大环境下，单片机嵌入式应用发展迎来新的浪潮。

本书题材新颖、内容丰富、深入浅出，既富有科学性与先进性，又具有很高的实用价值，可帮助读者解决在设计和应用单片机时遇到的实际问题。本书既可供高等院校电子、通信、自动化、计算机等信息工程类相关专业的本科生或研究生使用，也适用于从事单片机技术应用与研究的专业技术人员参考。

中国工程院院士 黄德

2024年9月

前言

PREFACE

单片机技术已成为电气电子、自动化和计算机技术等专业学生必须掌握的一项基本技能。农业领域中基于单片机的蔬菜大棚温控系统，实现了温度的智能化调节，降低了成本；新能源领域中基于单片机控制的逐日式太阳能小车，提高了太阳能资源的利用率。在目前"互联网＋"的大背景下，我国传统家居行业向科技化、智能化发展，以单片机为"控制中枢"的智能家居产业的成熟推动了单片机在"人工智能"领域的新发展，也为单片机学科研究方向开拓了新的出发点。

本书以培养学生的工程实践能力为目标，以 51 单片机为载体，以 C 语言为主线，以 Proteus 设计仿真平台为手段，介绍了单片机的内部结构、接口及其应用；以工程应用需求为知识切入点，充分发挥 C51 语言的特点，在讲清单片机基本结构的基础上，重点讲解系统扩展及新元器件的使用，注重通过原理图设计、源程序编写、软硬件联调来降低学习难度和提高学习质量，培养学生的综合分析能力、排除故障能力和开发创新能力。

本书共 10 章。第 1～4 章为基础部分，内容包括微型计算机与单片机基础知识、8086 微处理器及其体系结构、MCS-51 系列单片机硬件结构、MCS-51 指令系统与汇编语言程序设计、单片机的 C 语言程序设计。第 5～9 章为提高部分，内容包括 MCS-51 单片机的中断系统与定时/计数器、MCS-51 单片机的串行通信、单片机应用中的人机接口、单片机模拟量输入/输出接口。第 10 章为拓展部分，介绍单片机应用系统开发，力求在夯实 51 单片机知识的基础上，将理论与实践结合，将单片机理论、实践、工程方法与人工智能技术结合为一体，为读者呈现最具创新特色的单片机教材。

感谢冯浩老师、陈金立老师、程铃老师和冉莉老师对本书编写工作所给予的支持与帮助，感谢芦馨雨和周雪芬对本书的整理汇总。

由于编者水平有限，书中难免有错误与不妥之处，恳请读者批评指正。

编　者

2024 年 8 月

学习建议

LEARNING ADVICE

本书包含10章,主要讲述MCS-51系列典型单片机的基础知识、接口功能模块的原理、应用及综合性应用实践,让学生从零基础开始学习单片机的原理、基础应用、综合应用,逐步进阶,持续提升。本书采用C语言作为程序设计语言,通俗易懂。

本书以基础知识为主,注重应用,坚持理论联系实际的原则,给出了大量的习题和实验。内容的组织和语言表述方面坚持由浅入深、循序渐进、通俗易懂的原则,以适应不同专业、不同层次读者的学习需要。

本书可作为高等院校电子信息类、自动化类、计算机类专业教材使用,也可作为相关工程技术人员的参考资料,附录还包括Keil μVision4集成开发环境应用、ProteusISIS仿真设计软件应用等,读者可根据学时灵活安排,主要由学生课后自学完成。本书的主要知识点、重点、难点及学时分配见下表。

序号	知识单元(章节)	知 识 点	要求	推荐学时
1	微型计算机基础知识	微型计算机概述	了解	2
		微型计算机的基本组成及工作原理	掌握	
		单片机概述	了解	
2	8086微处理器及其体系结构	8086微处理器的内部结构	理解	4
		8086微处理器的工作模式	理解	
		8086微处理器的引脚功能介绍	掌握	
3	MCS-51系列单片机的结构及原理	MCS-51系列单片机的内部结构	理解	4
		MCS-51系列单片机的引脚及功能	理解	
		MCS-51单片机的存储结构	掌握	
		MCS-51掉电保护	掌握	
4	C51系列单片机程序设计	C51语言概述	了解	4
		C51程序的基本结构	理解	
		数据类型	理解	
		变量和C51存储区域	掌握	
		C51绝对地址的访问	理解	
		指针	掌握	
		C51函数	掌握	
		C51程序设计实例	理解	

续表

序号	知识单元(章节)	知　识　点	要求	推荐学时
5	人机接口设计	键盘接口原理	理解	5
		蜂鸣器和继电器	理解	
		LED显示器的结构与原理	了解	
		LCD液晶显示器	掌握	
		直流电动机和步进电动机	了解	
6	MCS-51单片机的中断系统	中断的概念	理解	4
		MCS-51中断系统的结构	理解	
		中断请求源	掌握	
		中断控制	掌握	
		中断响应的条件、过程及时间	了解	
7	MCS-51单片机的定时器/计数器	定时计数概念	掌握	4
		定时器/计数器的结构	掌握	
		定时器/计数器的初始化	理解	
		定时器/计数器的4种工作方式	掌握	
		定时器的编程示例	理解	
8	MCS-51与D/A转换器、A/D转换器接口设计	MCS-51与DAC的接口	理解	5
		MCS-51与ADC的接口	理解	
		DAC0832波形发生器示例	了解	
9	串行通信技术	串行通信概念	理解	6
		串行接口	掌握	
		串行通信接口的应用示例		
		SPI总线接口及其扩展	理解	
		I^2C总线接口及其扩展	了解	
10	单片机应用系统设计	多功能数字时钟设计	掌握	10
		温度测量系统设计	掌握	
		一种帆板控制实验案例设计	理解	
		一种双模式正弦信号发生器设计	理解	
		基于虚实结合的二阶系统脉冲响应测试实验	理解	

目录
CONTENTS

第1章 微型计算机基础知识

CHAPTER 1

电子计算机的产生和发展是20世纪最重要的科技成果之一。计算机的诞生具有划时代的意义，它对人类的历史进程产生了深远的影响，对科学技术的发展和现代文明的进步起到了巨大的推动作用。

自1946年美国的宾夕法尼亚大学研制出世界上第一台电子计算机ENIAC(Electronic Numerical Integrator And Computer)以来，计算机科学和技术得到了高速发展。迄今为止，电子计算机的发展经历了由电子管计算机、晶体管计算机、集成电路计算机到大规模集成电路、超大规模集成电路计算机的四代更替。未来的计算机将是半导体技术、光学技术和电子仿生技术相结合的产物。由于超导元器件、集成光学元器件、电子仿生元器件和纳米技术的迅速发展，将出现超导计算机、光学计算机、纳米计算机、神经计算机和人工智能计算机等，新一代计算机将着眼于机器的智能化，使之具有逻辑推理、分析、判断和决策的功能。

计算机按其性能、价格和体积可分为巨型机、大型机、中型机、小型机和微型计算机。微型计算机诞生于20世纪70年代，一方面，由于当时军事、工业自动化技术的发展，需要体积小、功耗低、可靠性好的微型计算机；另一方面，由于大规模集成电路(Large Scale Integration circuit，LSI)和超大规模集成电路(Very Large Scale Integrated circuit，VLSI)的迅速发展，可以在单片硅片上集成几千个到几十万个晶体管，为微型计算机的产生打下了坚实的物质基础，引发了新的技术革命。

1.1 微型计算机概述

1.1.1 发展历程

微处理器(Micro Processor)是微型计算机的核心部件，又称中央处理器(Central Processing Unit，CPU)，它的性能决定了微型计算机的性能，微型计算机的发展便是以微处理器的更新换代作为标志的。从1971年世界上第一块微处理器芯片诞生到现在，微处理器的发展经历了6个阶段。微处理器的换代通常以字长、集成度及功能的提高作为主要指标。

下面对微处理器的发展情况进行简要回顾和介绍。

1. 第1阶段(1971—1973年)

第1阶段是4位和8位低档微处理器时代，通常称为第1代，其典型产品是Intel 4004和Intel 8008微处理器，以及分别由它们组成的MCS-4和MCS-8微型计算机。其基本特点是采用 PMOS 工艺、集成度低(4000 个晶体管/片)，系统结构和指令系统都比较简单，主要采用机器语言或简单的 C 语言，指令数目较少(20 多条指令)，基本指令周期为 20～50μs，用于简单的控制场合。

2. 第 2 阶段(1974—1977 年)

第 2 阶段是 8 位中高档微处理器时代，通常称为第 2 代，其典型产品是 Intel 8080/8085、Motorola 公司、Zilog 公司的 Z80 等。它们的特点是采用 NMOS 工艺，集成度提高了约 4 倍，运算速度提高了 10～15 倍(基本指令执行时间是 1～2μs)。指令系统比较完善，具有典型的计算机体系结构和中断、DMA 等控制功能。

3. 第 3 阶段(1978—1984 年)

第 3 阶段是 16 位微处理器时代，通常称为第 3 代，其典型产品是 Intel 公司的 8086/8088、Motorola 公司的 M68000、Zilog 公司的 Z8000 等微处理器。其特点是采用 HMOS 工艺，集成度(20 000～70 000 晶体管/片)和运算速度(基本指令执行时间是 0.5μs)都比第 2 代提高了一个数量级。指令系统更加丰富、完善，采用多级中断、多种寻址方式、段式存储机构、硬件乘除部件，并配置了软件系统。1981 年 IBM 公司推出的个人计算机采用 8088 CPU，紧接着 1982 年又推出了扩展型的个人计算机 IBM PC/XT，对内存进行了扩充，并增加了一个硬磁盘驱动器。1984 年，IBM 公司推出了以 80286 处理器为核心组成的 16 位增强型个人计算机 IBM PC/AT。

4. 第 4 阶段(1985—1992 年)

第 4 阶段是 32 位微处理器时代，又称为第 4 代。其典型产品是 Intel 公司的 80386/80486，Motorola 公司的 M69030/68040 等。其特点是采用 HMOS 或 CMOS 工艺，集成度高达 100 万个晶体管/片，具有 32 位地址线和 32 位数据总线。每秒可完成 600 万条指令(Million Instructions Per Second，MIPS)。

80386DX 的内部和外部数据总线是 32 位，地址总线也是 32 位，可以寻址 4GB 内存，并可以管理 64TB 的虚拟存储空间。它的运算模式除具有实模式和保护模式以外，还增加了一种“虚拟 86”的工作方式，可以通过同时模拟多个 8086 微处理器来提供多任务能力。

1989 年，Intel 公司推出 80486 芯片。它首次突破了 100 万个晶体管的界限，集成了 120 万个晶体管，使用 1μm 的制造工艺，时钟频率从 25MHz 逐步提高到 33MHz、40MHz、50MHz。80486 是将 80386 和“数学”协处理器 80387 以及一个 8KB 的高速缓存集成在一个芯片内，数字运算速度是以前 80387 的两倍，内部缓存缩短了微处理器与慢速 DRAM 的等待时间。并且，在 80x86 系列中首次采用了 RISC(精简指令集)技术，可以在一个时钟周期内执行一条指令。

5. 第 5 阶段(1993—2005 年)

第 5 阶段是奔腾(Pentium)系列微处理器时代，通常称为第 5 代。典型产品是 Intel 公司的奔腾系列芯片及与之兼容的 AMD 的 K6、K7 系列微处理器芯片。内部采用了超标量指令流水线结构，并具有相互独立的指令和数据高速缓存。

1997 年推出的 Pentium Ⅱ处理器结合了 Intel MMX 技术，能以极高的效率处理影片、音效以及绘图资料，首次采用 Single Edge Contact(SEC)匣型封装，内建了高速快取记忆体。

1999 年先后推出的 Pentium Ⅲ处理器和 Pentium Ⅲ Xeon 处理器均新增了 70 个新指令，晶体管数目约为 950 万颗，大幅提升了执行多媒体、流媒体等应用的性能。除早期的几款型号采用 0.25μm 技术外，Pentium Ⅲ Xeon 首次采用 0.18μm 工艺制造，同时加强了电子商务应用与高阶商务计算的能力。

2000 年，Intel 公司推出了 Pentium 4 处理器。该处理器集成了 4200 万个晶体管，后推出的改进版 Pentium 4(Northwood)更是集成了 5500 万个晶体管；并且开始采用 0.18μm 进行制造，初始速度就达到了 1.5GHz。

2003 年，Intel 公司推出了 Pentium M(mobile)处理器。该处理器结合了 855 芯片组家族与 Intel PRO/Wireless 2100 网络联机技术，可提供高达 1.60GHz 的主频速度，并包含各种性能增强功能。

2005 年，Intel 公司推出了双核心处理器 Pentium D 和 Pentium Extreme Edition，同时推出 945/955/965/975 芯片组来支持新推出的双核心处理器。这两款双核心处理器均采用 90nm 工艺生产，使用的是没有引脚的 LGA 775 接口，但处理器底部的贴片电容数目有所增加，排列方式也有所不同。

6. 第 6 阶段(2005 年至今)

第 6 阶段是酷睿(Core)系列微处理器时代，通常称为第 6 代。“酷睿”是一款技术领先的节能新型微架构，设计的出发点是提供卓然出众的性能和能效，提高每瓦特性能，也就是所谓的能效比。

酷睿 2(Core 2 Duo)是 Intel 公司于 2006 年推出的新一代基于 Core 微架构的产品体系统称。酷睿 2 是一个跨平台的构架体系，包括服务器版、桌面版、移动版三大类。为了提高两个核心的内部数据交换效率，采取了共享式二级缓存设计，两个核心共享高达 4MB 的二级缓存。继 LGA775 接口之后，Intel 公司首先推出了 LGA1366 平台，定位高端旗舰系列。首颗采用 LGA 1366 接口的处理器，代号为 Bloomfield，采用经改良的 Nehalem 核心，基于 45nm 制程及原生四核心设计，内建 8～12MB 三级缓存。LGA1366 平台再次引入了 Intel 超线程技术，同时 QPI 总线技术取代了由 Pentium 4 时代沿用至今的前端总线设计。最重要的是 LGA1366 平台是支持三通道内存设计的平台，在实际的效能方面有了更大的提升。

2010 年，Intel 公司推出了革命性的处理器——第二代 Core i3/i5/i7。第二代 Core i3/i5/i7 隶属于第二代智能酷睿家族，均基于全新的 Sandy Bridge 微架构，相比第一代产品主要有五点重要革新：一是采用全新 32nm 的 Sandy Bridge 微架构，功耗更低、性能更强；二是内置高性能 GPU(核芯显卡)，视频编码、图形性能更强；三是采用睿频加速技术 2.0，更智能、更高效能；四是引入全新环形架构，带来更高带宽与更低延迟；五是使用全新的 AVX、AES 指令集，加强浮点运算与加密解密运算。

2012 年，Intel 公司推出了 Ivy Bridge(IVB)处理器。基于 22nm 的 Ivy Bridge 处理器将执行单元的数量翻倍，最多达到 24 个，新增对 DX11 的支持的集成显卡，使得性能进一步提升。同时，该处理器能够提供最多 4 个 USB 3.0 接口，从而支持原生 USB 3.0。该处理器的制作采用 3D 晶体管技术，因此耗电量会减少一半。

2013 年，Intel 公司推出第四代酷睿处理器 Haswell，该处理器采用第四代 CPU 脚位(CPU 接槽)称为 Intel LGA1150，既提升了计算性能，又实现了低功耗，电池续航也提升了约 50%，待机状态续航时间提升 2～3 倍。

1.1.2 特点及分类

众所周知，电子计算机具有运算速度快、计算精度高、自动工作、存储记忆信息容量大、逻辑判断能力强等特点。作为计算机的一个重要分支的微型计算机由于采用了大规模和超大规模集成电路技术，除具备上述特点外，还具有一些独特的优点。

（1）体积小、重量轻。由于大规模和超大规模集成电路技术的采用，微型计算机的体积和重量显著减小。几十块集成电路芯片所构成的微型计算机就具有以往小型机、中型机甚至大型机的功能，而两者之间体积和重量差别之悬殊，简直不可同日而语。微型计算机所具有的小巧轻便、功能强大的优点使其能深入到以前大、中、小型计算机难以涉足的众多领域（如智能仪器仪表、家用电器、航天航空等）。

（2）性价比高。由于集成电路芯片的价格不断降低，微型计算机的成本便随之不断下降。许多高性能微型计算机的功能与以往的中、小型计算机的功能相同甚至超越，但价格要低几个数量级。性价比高，令微型计算机极具竞争力，使得微型计算机得以迅速普及，其应用深入人们生产、生活各个领域的各方面。

（3）可靠性高、功耗低、适应环境的能力强。微型计算机主要由大规模和超大规模集成电路芯片构成，由于芯片的生产制造技术的不断提高和成熟，其功耗低，发热量小，使用寿命长，抗干扰能力也很强，再加上系统内集成电路芯片数量较少，印制电路板上连线及接插件数目大幅减少，这就使得微型计算机具有很高的可靠性，能有效抵御各种干扰，在较恶劣的环境条件下也能正常工作。

（4）系统设计灵活方便、适应性强。微型计算机在结构上有两大特点：一是采用了模块化设计；二是使用了总线技术，这使得微型计算机系统具有开放性的体系结构。各功能部件可通过标准化插槽或接口与系统相连，用户只需通过选择不同的接口板卡及相应的外设就能构成满足不同需求的微型计算机系统。对于一个标准的微型计算机，往往不需要改变硬件设计或只需对硬件作稍许改变，在相应软件的支持下就能完成新的应用任务。这表明微型计算机在系统设计上具有很大的灵活性，在实际应用中具有极强的适应性。事实上，微型计算机的应用极其广泛，几乎到了无孔不入的地步。可以毫不夸张地说，真正意义上计算机及信息化时代的到来是与微型计算机的出现及应用、普及分不开的。

微型计算机的型号繁多、品种丰富，通常有以下几种分类方法。

1. 按微处理器的字长分类

微处理器的字长也称为位数。以字长为 8 位的微处理器为核心组成的微型计算机称为 8 位机。以此类推，有 4 位机、8 位机、16 位机、32 位机和 64 位机等。在实际应用中，16 位及以下的微型计算机主要用于检测、控制的场合，如过程控制、智能仪器仪表、家用电器和武器控制等。32 位和 64 位的微型计算机则用于科学计算、数据图像处理等场合，例如，天气预报数值计算、导弹飞行轨迹计算、各种信息管理系统、飞机规格设计、多媒体系统等。

2. 按微型计算机的组装形式分类

按此种分类法，微型计算机可分为单片机、单板机和 PC 3 种类型。单片微型计算机简称单片机，这是一种将微处理器、存储器、I/O 功能部件及 I/O 接口电路等组成微型计算机的主要部件集成于一块集成电路芯片而形成的微型计算机。单片机的突出优点是体积小、成本低、功能全，主要用于工业控制、智能仪器仪表、家用电器、智能玩具等领域。

单片机是将微处理器、存储器、I/O 接口电路，以及部分简单外设（简易键盘、LED 显示器等）安装于一块印制电路板上而形成的微型计算机。单片机具有结构紧凑、功能齐全、使用简单、成本低廉等优点，通常用于工业控制、实验教学等场合。

PC 即个人计算机，是一种台式机。人们在办公场所和家庭中配置的多是这种微型计算机。将主机板（上面安装有微处理器、内存储器、I/O 接口电路、插槽等）和外存储器、电源、若干接口板卡等部件组装在一个机箱内，并配备键盘、显示器、鼠标、打印机等外设，以及系统软件等就形成了 PC。PC 具有功能强、软件丰富、配置灵活、用途广泛、使用方便等优点。PC 的出现和发展，使计算机走进各种办公场所和千家万户，如此地贴近人们的工作和生活。

3. 按微型计算机应用领域分类

微型计算机按其应用领域分类，可分为通用机和专用机，也可分为民用机、工业用机和军用机。

通用计算机适合解决多种一般问题，该类计算机使用领域广泛、通用性较强，能解决多种类型的问题，在科学计算、数据处理和过程控制等多种用途中都能应用；专用计算机用于解决某个特定方面的问题，配有为解决某问题的软件和硬件，适用于某一特殊的应用领域，如卫星上使用的计算机、智能仪表、军事装备等。工业应用微型计算机对于温度范围（一般为 0～55℃）、湿度范围和抗干扰能力都要比民用机高，其重要的设计要求是实时性、中断处理能力很强，并要求有实时操作系统。军用微型计算机对于上述几项要求比工（业）用机更严格，在机械结构上还要求加固。

1.1.3 应用领域

微型计算机所具有的独特优点，使其获得了极为广泛的应用，成为现代社会人们不可或缺的帮手和工具。微型计算机及其应用技术正在深刻地影响和改变着人们的生产活动和日常生活，对科学技术的发展和社会的繁荣进步起着巨大的推动作用。以下是微型计算机应用的几个主要方面。

1. 科学计算

人们发明计算机的最初目的就是科学计算，至今科学计算仍是计算机应用的重要领域。如今高档微型计算机的运算能力已赶超中小型机，而由多个微处理器构成的并行处理机系统的性能可与大型机乃至巨型机相比较。由于微型计算机的价格十分低廉，因此采用微型计算机进行科学计算是重要的甚至是首要的选择。

2. 数据处理

数据处理一般是指计算机对自动采集和人工送入的大量数据进行加工处理、分析归纳、反馈控制、显示打印和传送的过程。微型计算机具有很强的数据处理能力，用它构成的数据处理系统在工业控制、工程管理、邮电通信、航空航天、军事科学等领域获得了非常广泛的应用。

3. 信息管理

信息管理是指计算机对实时信息和历史信息进行分类检索、查找统计、绘制图表及显示打印的过程。用微型计算机构成的各类信息管理系统在各个领域、各行各业得到了广泛的应用，如图书管理系统、飞机和火车订票系统、人口信息管理系统、情报检索系统、地理信息系统、电子邮件系统、办公自动化系统等。

4. 过程控制

在现代社会，生产过程的自动化大都通过微型计算机的控制来完成。在一个闭环过程控制系统中，过程的实时参数由传感器和 A/D 转换器实时采集，由计算机按一定的控制算法处理后，再通过 D/A 转换器和执行机构进行调节控制。用微型计算机构成的过程控制系统比比皆是，例如，汽车自动装配线、电力系统微型计算机继电保护装置、高炉炉温自动控制系统、自动灭火装置、交通自动控制系统和各种数控车床等。

5. 智能化仪器仪表

早期的智能化仪器仪表采用处理器、存储器及接口元器件作为元器件安装在仪器、仪表的内部来实现控制，从而提高其自动化程度，提升其性能。随着单片微型计算机的出现和发展，现在的智能式仪器仪表大多用单片机来实现。智能式仪器仪表已成为微型计算机应用的一个十分重要的领域，其发展方兴未艾，各种产品层出不穷，例如，智能式多功能电表、逻辑分析仪、医用 CT 扫描仪、医用红外热像仪、计算机网络智能终端等。

6. CAD、CAM、CAA 和 CAI 中的应用

CAD(Computer-Aided Design，计算机辅助设计)是指工程设计人员借助于计算机进行新产品开发和设计的过程。CAM(Computer-Aided Manufacturing，计算机辅助制造)是指计算机自动对所设计好的零件进行加工制造的过程。CAA(Computer-Aided Assemble，计算机辅助装配)是指计算机自动把零件装配成部件或把部件装配成整机的过程。CAI(Computer-Aided Instruction，计算机辅助教学)是指教师借助计算机对学生进行形象化教学或学生借助计算机进行形象化学习的过程。微型计算机被广泛应用于 CAD、CAM、CAA 和 CAI 中，为提高产品设计、制造的自动化水平，改善产品质量，提高生产和工作效率，促进教育手段的现代化起到了巨大的推动作用。

7. 人工智能

人工智能通常是指用计算机模拟人类的智能，使用计算机构成的智能系统具有听、说、看以及“思维”的能力。人工智能所涉及的领域和范围包括机器人、专家系统、语言和图像识别、语言翻译等。

8. 军事领域

微型计算机被广泛应用于军事领域，使军事科学和技术出现了全新的面貌，发生了质的飞跃。可以借助计算机指挥和协调作战，用于情报收集、军事通信、信息处理，以及各种武器装备的控制。现代化的武器已与微型计算机密不可分。

9. 多媒体系统

多媒体系统是一种将文字、图像、声音和动态回答多种媒体集于同一载体或平台的系统，以实现和外界进行多用途、多功能的信息交流。以微型计算机为核心构成的多媒体系统被广泛用于教育培训、商业广告、工业生产、医疗卫生和文化娱乐等方面，使人们享受到有声有色、图文并茂的服务。

10. 家用电器和家庭自动化

微处理器和单片机被普遍用于家用电器产品的智能化和自动化，例如，各种家庭视听设备(电视机、音响、DVD 等)。基于微型计算机的家用机器人正在研制和完善之中，其产品特性使家庭自动化发展到一个更高的层次。

1.2 微型计算机的基本组成及工作原理

1.2.1 基本组成及有关概念

基于冯·诺依曼体系构成的计算机硬件一般由运算器、控制器、存储器、输入设备和输出设备5部分组成，如图1-1所示。

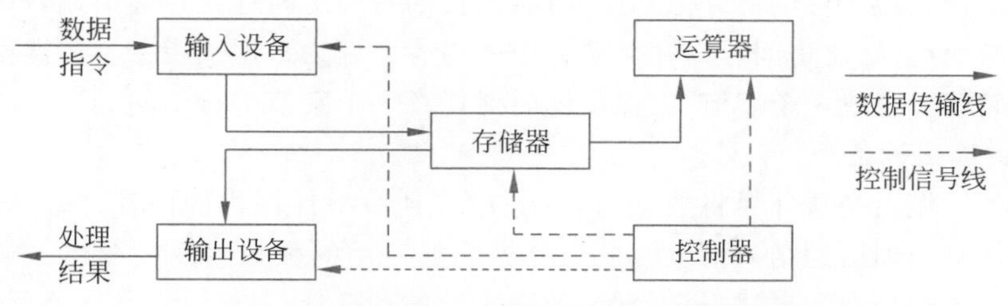

图1-1 传统的冯·诺依曼计算机的硬件组成

在采用大规模集成电路的微型计算机中，运算器通常与控制器合并为中央处理器(CPU)，制作在一块微处理器芯片上。因此，微型计算机硬件一般可划分为中央处理器、存储器、输入/输出设备、输入/输出接口和总线等部分，如图1-2所示。

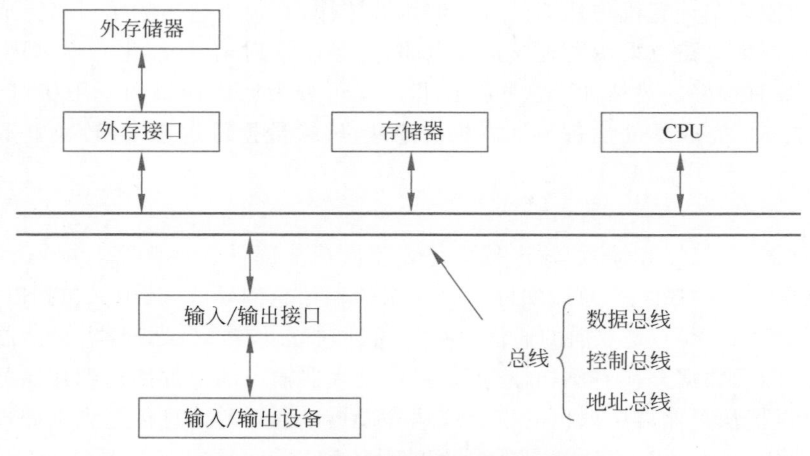

图1-2 微型计算机系统的硬件组成

1. 中央处理器

中央处理器是微型计算机的核心部分，主要包括运算器和控制器。

运算器(Arithmetic Logic Unit，ALU)是计算机中进行算术运算、逻辑运算的部件，故有时也称为算术逻辑运算单元，其核心是一个全加器。典型的运算器能够实现以下几种运算功能：两数相加，两数相减，把一个数左移或右移一位，比较两个数的大小，将两数进行逻辑"与""或""异或"运算等。必须指出，在早期的微处理器中，并没有进行乘、除运算和浮点运算的硬件电路，运算器只能完成定点加、减运算，由于减法运算可通过二进制补码的加法运算来实现，因此，准确地说，它只能完成加法的运算，而复杂的算术运算(如乘、除运算)则由程序来完成。

控制器(Control Unit)是用来控制计算机进行运算及指挥各个部件协调工作的部件，主要由指令部件(包括指令寄存器和指令译码器)、时序部件和操作控制部件等构成。它根据指令的内容产生和发出控制计算机的操作信号，从而把微型计算机的各部分组成一体，执行指令所规定的一系列有序的操作。

2. 存储器

微型计算机通常把半导体存储器用作内存储器或主存储器，磁盘、磁带、光盘等用作外存储器或辅助存储器。存储器好像一座大楼，大楼的每间房间称为存储单元，每个存储单元有一个唯一的地址(好比房间号)，存储单元中的内容可以为数据或指令。在微型计算机中，通常每个存储单元存放一个字节，以保证随时对任意一个字节进行访问。

3. 输入/输出设备

输入设备的作用是从外界将数据、指令等输入到微型计算机的内存；输出设备的作用是将微型计算机处理后的结果信息转换为外界能够使用的数字、文字、图形、声音等。微型计算机外部设备的种类和形式很多，常见的输入设备有键盘、鼠标、模/数转换器、软/硬盘驱动器、光盘驱动器等。近年来，语音、图像等输入设备已正式进入实用阶段。常见的输出设备有打印机、绘图仪、数/模转换器、显示终端、音响设备等。

4. 输入/输出接口

外部设备由于结构不同，各有不同的特性，而且它们的工作速度比微型计算机的运算速度低得多。为使微型计算机与外部设备能够协调工作，必须由适当的接口来完成协调工作。目前很多接口逻辑电路也采用大规模集成电路，并且已系列化、标准化。很多接口芯片具有可编程能力，并有很好的灵活性。这些接口芯片又可分为通用接口和专用接口。它们的主要任务和功能是：完成外部设备与计算机的连接、转换数据传送速率、转换电平、转换数据格式等。

5. 总线

将微处理器、存储器和输入/输出接口等装置或功能部件连接起来，并传送信息(信号)的公共通道称为总线(Bus)。总线实际上是一组传输信息的导线，其中又包括以下部分。

数据总线(Data Bus)是双向的通信总线。通过它可以实现微处理器、存储器和输入/输出接口三者之间的数据交换。例如，它可以将微处理器输出的数据传送到存储器或输入/输出接口，又可以把从存储器中取出的信息或从外设接口取来的信息传送到微处理器内部。

地址总线(Address Bus)是单向总线，用来从 CPU 单向地向存储器或 I/O 接口传送地址信息。

控制总线(Control Bus)传输的信号可以控制微型计算机各个部件有条不紊地工作，其中包括由微处理器向其他部件发出的读、写等控制信号，也包括由其他部件输入到微处理器中的信号。控制总线的多少因不同性能的微处理器而异。

按照总线的所在位置，又可区分为片内总线和系统总线。前者制作在 CPU 芯片中，是运算器与各种通用寄存器的连接通道；后者则制作在微型计算机主板上，实现 CPU 与主存储器及外部设备接口的连接。

6. 微型计算机

微处理器配上存储器和 I/O 接口电路就构成了微型计算机(Microcomputer)，其各部分之间通过总线连接。若把微型计算机的各部分及少量简单的外设装在一块印制电路板上,则称为单板微型计算机,简称单板机。

7. 微型计算机系统

以微型计算机为主体,配以各种外部设备和软件并装上电源,就构成了微型计算机系统(Microcomputer System)。

应注意微处理器、微型计算机、微型计算机系统这几个概念之间的区别和联系。可以看出,微型计算机并不能独立运行、工作,能发挥计算机的功能,完成人们赋予的计算、控制、管理等任务的是微型计算机系统。

1.2.2 指令系统

微型计算机严格按照人们下达的命令去完成指定的任务,这些命令就是机器指令。机器指令随微型计算机所使用的微处理器的不同而不同。某种微型计算机所能识别和执行的全部指令即称为该机的指令系统。

由于微型计算机的硬件仅可识别二进制信息,因此机器指令也要用二进制数来表示。每一条指令执行一种简单的特定操作,如取数、相加、比较、判断、转移等。大多数需要微型计算机完成的任务可分解成一组步骤,用一连串指令去实现。这类为特定目的而组织起来的指令序列称为程序,而编制程序的工作则称为程序设计。

机器指令又称为机器语言。它虽然为计算机所“乐意”接受,但对用户却十分不便。例如,进行一个“8+5”的加法运算,用 Intel 8086 的机器语言需写成:

```
10110000   00001000
10110011   0000010l
00000000   11011000
```

若改用简便的十六进制数表示,则可以写为:

```
B0   08   B3   05   00   D8
```

从这一例子可以看到,用机器语言编写的程序难读、难记、难检查、难修改。为了更方便地使用微型计算机,人们创造了用缩写的英语单词来表示指令操作的方法,这些单词称作“助记符”。采用助记符表示的指令称作汇编指令。在采用汇编指令时,还为之规定了严格的语法规则,构成了 C 语言。

微型计算机的硬件也不懂得 C 语言,因此在使用较低档的微型计算机(如单片机)时,往往要用人工查表的方法,把 C 语言指令逐条翻译为用十六进制表示的机器语言形式才能送入机器中,然后由机器自动把它转换为二进制形式后再执行。当然,在使用高档的微型计算机时,通常在机器内配有翻译软件——汇编程序,它能把 C 语言自动翻译为机器语言。

目前,绝大多数微型计算机用户均使用高级语言,但机器语言和 C 语言也有其独特的优势。之所以在本节中提及机器指令和汇编指令,主要是因为:C 语言在微型计算机应用中仍然占有一席之地,这主要是因为 C 语言程序可以在最简单的硬件和最少的软件支持下运行,而运行高级语言则需使用至少拥有键盘和屏幕显示器的微型计算机,并配备翻译软件和较大的存储空间;通过机器指令和汇编指令,较易说明计算机的工作过程,从而帮助读者更深入地理解计算机的内部工作;C 语言程序的时空效率高,即执行速度快,所占存储单元少。

1.2.3 工作原理

如前所述，当用微型计算机来完成某项任务时，首先要按此任务之要求，编写出适合于机器工作的全部操作步骤，即程序。程序是一串有序指令的集合。把编好的程序（即一条条指令）连续地由输入设备通过 I/O 接口存放到存储器中，然后启动程序运行，计算机便能按程序的逻辑顺序一条一条地执行这些指令。图 1-3 是微型计算机工作原理示意图，下面简要说明其在执行程序中某条指令时的典型工作过程。

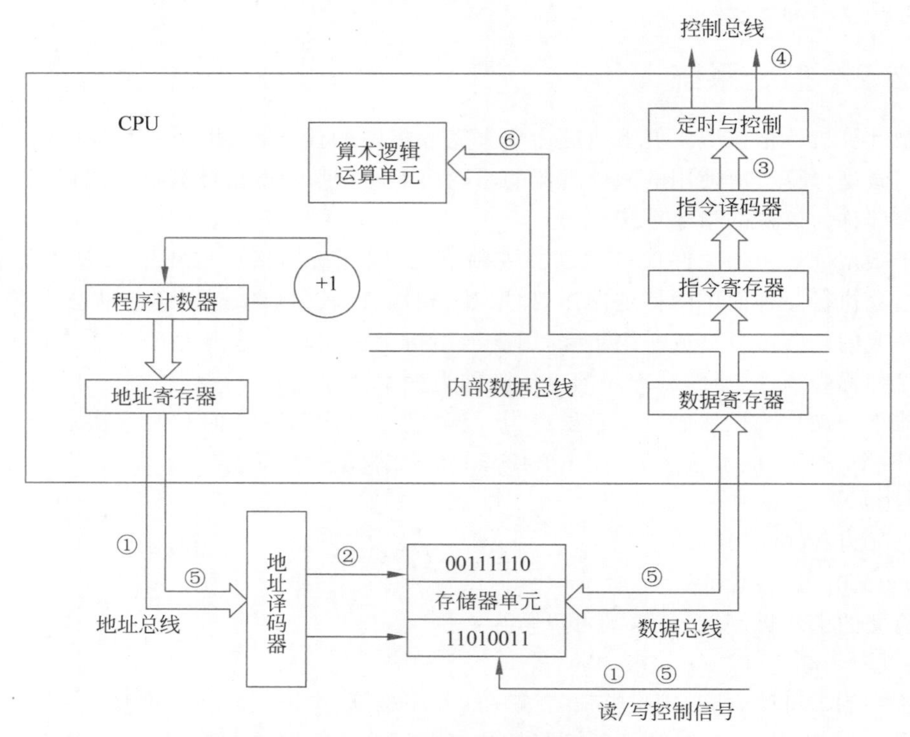

图 1-3 微型计算机工作原理示意图

(1) CPU 通过地址总线(AB)指出指令所在内存单元的地址，同时通过控制总线(CB)向存储器发出准备读出数据的控制信号。

(2) 存储器中这一单元被地址线上的地址码选中，于是 CPU 即通过数据总线(DB)从存储器中读取存放在这一单元中的指令。

(3) 指令是以二进制代码的形式存放在存储器中的，CPU 取出这一指令代码后在内部进行译码，判断出该指令是要进行哪一类操作以及参加这类操作的数放在什么单元地址。

(4) CPU 根据对指令的译码结果，由控制器有序地发出为完成此指令所需要的各种控制信号。

(5) 如果还需要从存储器中取出操作数，则 CPU 将通过地址总线发出存放操作数的内存单元地址，同时通过控制总线发出准备读出数据的控制信号，然后由 CPU 通过数据总线将操作数取出。

(6) 执行指令所规定的操作。如果属于算术运算或逻辑运算，则由运算器进行操作；

如果属于数据传送或其他操作，则由控制器接通进行此操作所需的有关电路，再进行具体操作。至此，执行一条指令的工作即告结束。这里再补充说明几点。

完成一条指令的时间称为一个“指令周期”。每个指令周期又可分为“取指周期”和“执行周期”两部分，前者用于从存储器取出指令，后者用于执行指令，它们都对应一个或若干个“机器周期”。受到“机器节拍”（即“时钟信号”）的控制。例如，在上述6步中，第(1)步占一个机器节拍，用于读取“指令地址”；第(2)步也占一个机器节拍，用于读出当前要执行的指令。这两步都属于取指周期，第(3)步以后则属于执行周期了。显然时钟频率越高，则取指令和执行指令的节奏越快，计算机的运行速度也越高。

微型计算机能够自动地一条接一条地连续执行指令，这是因为在CPU中有一个程序计数器PC（或指令指示器IP），用于存放待执行指令所在的存储单元地址。在CPU要取指令前，先由它发出指令所在存储单元的地址，而当CPU取出这一条指令代码后，它会自动使PC加1，使其指向下一条指令地址。因此，在CPU执行完这一条指令时，程序计数器（或指令指示器）指出的已是下一条指令所在存储单元的地址，于是又继续执行下一条指令。以此类推，直到全部指令执行完毕。

1.2.4　主要技术指标

一台微型计算机性能优劣是由它的系统结构——指令系统、硬件组成、外围设备以及软件配备齐全与否等决定的。其主要性能指标如下。

1. 字长

字长是CPU与存储器或输入/输出设备之间一次传送数据的位数，反映了一台微型计算机的精度。字长越长，可以表示的数值就越大，能表示数值的有效位数越多，精度也就越高，结构越复杂。微型计算机字长有1位、4位、8位、16位和32位。目前，微型计算机的字长已达64位。

2. 主存储器容量

主存储器所能存储的信息总量为主存储器容量，它是衡量微型计算机处理能力大小的一个重要指标。主存储器容量越大，能存储的信息就越多，处理能力就越强。主存储器容量有两种表示：用字节表示或用单元数×字长表示。

3. 运算速度

运算速度是衡量计算机性能的一项重要指标。通常所说的计算机运算速度（平均运算速度），是指每秒所能执行的指令条数，一般用“百万条指令/秒”(MIPS)描述。同一台计算机，执行不同的运算所需时间可能不同，因而对运算速度的描述常采用不同的方法。常用的有CPU时钟频率（主频）、每秒平均执行指令数(IPS)等。微型计算机一般采用主频来描述运算速度，例如，Pentium Ⅲ/800的主频为800MHz，Pentium 4/1.5G的主频为1.5GHz。一般来说，主频越高，运算速度就越快。

4. 输入/输出数据传输速率

输入/输出数据传输速率决定了可用的外部设备和与外部设备交换数据的速度。提高计算机的输入/输出数据传输速率可以提高计算机的整体速度。

5. 外部设备扩展能力

外部设备扩展能力是指计算机系统配接各种外部设备的可能性、灵活性和适应性。

6. 软件配置情况

已配置和可配置的软件的多少直接关系到计算机性能的好坏和效率的高低。

7. 可靠性

可靠性是指计算机连续无故障运行时间的长短。可靠性好，表示无故障运行时间长。

8. 性能价格比

性能价格比指性能与价格之比，是计算机产品性能优劣的综合性指标，包括计算机硬件和计算机软件的各种性能。对多数用户而言，性能价格比越大越好。

1.3 单片机概述

单片机是微型计算机的一个重要分支，又称为微控制器(Micro-controller unit)。单片机是大规模和超大规模集成电路技术发展的产物，是一种将计算机的基本功能集成于一小块芯片上的微型计算机。

1.3.1 发展历程

单片机的发展可分为以下4个阶段。

第一代：单片机探索阶段。主要有通用CPU68xx系列单片机和专用MCS-48单片机。

第二代：单片机完善阶段。具体表现在：面对对象，突出控制功能，专用CPU满足嵌入功能；寻址范围为8位或16位；规范的总线结构，有8位数据线、16位地址线多功能异步串口(UART)；特殊功能寄存器(SFR)的集中管理模式；海量位地址空间，提供位寻址及位操作功能；指令系统突出控制功能。

第三代：单片机形成阶段。这一阶段已形成系列产品，以8051系列为代表，如8031、8032、8051和8052等。

第四代：单片机百花齐放。表现在：满足最低层电子技术的应用(玩具、小家电)需要；大力发展专用型单片机，致力于提高单片机的综合品质。

1.3.2 特点及分类

与一般通用微型计算机及CPU芯片比较，单片机具有以下特点。

(1) **体积小而功能全**。由于是将计算机的基本组成部件集成于一块芯片上，即一小块芯片便具有计算机的功能，单片机的体积更为小巧，使用更为灵活方便，尤其适合于安装在仪器仪表内部，以及航空航天、导弹、鱼雷制导等通用微型计算机难以应用的场合。

(2) **面向控制**。发明单片机的初始目的就是将其应用于控制，因此，和通用微型计算机比较，单片机具有强大的、灵活的控制功能，但数值计算能力相对较弱。

(3) **抗干扰能力强，可靠性高**。由于单片机主要面向工业控制，其工作环境通常较为恶劣，如强电磁干扰、高温、振动，可能会有腐蚀性气体等，这就要求单片机具有较通用微型计算机更强的抗干扰能力，能够应付各种复杂、恶劣的环境和条件。事实上，单片机产品具有高可靠性，性能优秀而稳定，工作时出现差错的概率极低。

世界上各大芯片生产厂家的单片机产品品种众多，按照其结构和应用对象划分，大致可以分为以下两类。

1. CISC结构的单片机

CISC结构也称冯·诺依曼结构，其含义是复杂指令集(Complex Instruction Set Computer，CISC)。该结构单片机的基本特征是取指令和取数据分时进行。

CISC结构的单片机指令集合有较多的复杂指令，指令数量多，相应地实现这些指令的芯片结构变得很复杂。人们经过大量的研究后发现CISC指令集中各种指令的使用频率相差悬殊，约有20%的指令被经常使用，其使用量占整个程序的80%，而另外80%的指令则很少使用，其使用量仅占整个程序的20%，这称为"二八定律"。这一现象导致CISC结构的单片机效率低下。

采用CISC结构的单片机的优点是指令非常丰富，功能也十分强大；缺点是取指令和取数据分时进行，使得速度受到限制。另外，芯片结构较为复杂，成本较高。这类单片机适用于控制关系比较复杂的场合，例如，工业机器人、通信产品、数控机床，以及其他一些控制要求较高的过程控制系统等。Intel公司的MCS-51系列单片机和MCS-96系列单片机就是CISC结构的典型产品。

2. RISC结构的单片机

RISC结构也称为哈佛结构，其含义是精简指令集(Reduced Instruction Set Computing，RISC)。该结构单片机的基本特征是取指令和取数据可同时进行。

RISC结构的主要特点是：

(1) 具有一个有限的简单的指令集，简单指令小于100条，甚至寻址方式只有2或3种。

(2) 绝大部分指令是单周期指令，在增加程序存储器宽度的情况下，可在一个存储单元中存放一条指令，这样能容易地实现并行流水线操作，有效地提高了指令的运行速度。

RISC结构的单片机从处理器的执行效率和开发成本两方面考虑，采用一定的技术手段做到了取指令和取数据同时进行；精简、优化了指令系统，十分强调寄存器的使用，大多数指令为单周期指令，既加快了执行速度，又提高了存储器空间的利用率，十分利于实现系统的超小型化。RISC结构是计算机技术的一个重要变革，它对传统的计算机结构的概念和技术提出了挑战，将对今后计算机技术的发展产生重大而深远的影响。

1.3.3 应用领域

单片机面向控制且体积小巧的特点使其在众多领域获得了极为广泛的应用，下面列出了单片机应用的几个典型领域。

1. 智能仪器仪表

智能仪器仪表也称微型计算机仪器仪表，可用微处理器构成，但现在大多用单片机实现。这类仪器仪表具有较高的自动化程度，有较强的数据处理能力和逻辑判断功能，具有外形尺寸小、功能完善、操作便捷、功耗小、可靠性高等优点。各类物理、化学、生理量的测量仪器仪表均可用单片机实现智能化。

2. 过程控制

无论从硬件结构的设计还是从指令系统的构成来看，单片机具有很强的控制功能，特别适合于实时控制，被广泛应用于工业实时测量与控制领域。生产过程的自动化，包括自动生产流水线、步进电机的驱动、机器人、车辆驾驶等，都可用单片机控制，具有自动化、智能化的程度高，成本低，维护容易等特点。如用单片机构成的电力系统数字式继电保护系统不仅在判断准确、动作灵敏、体积小、可靠性高等方面的性能指标优于模拟式继电保护装置，更具有记忆存储故障信息，将故障状态以图像、表格等形式直观清晰地提供给设计运行人员，集系统监视和多种保护功能于一体等传统继电保护装置不具备的优点。

3. 机电一体化

机电一体化是集机械技术、微电子技术、自动化技术和计算机技术于一体，具有智能化特征的机电产品，数控机床是机电一体化产品的典型。机电一体化是机械工业发展的重要方向，它给机械产业带来了全新的面貌。早期是将微处理器或通用微型计算机用作机电产品的控制器，而单片机的出现加快了机电一体化的进程。

4. 旧有设备的升级改造

将单片机用于旧有设备的升级改造，可实现设备的自动控制，提升其技术水平，增强功能，更好地发挥其应用潜能，在投资很小的情况下实现设备的更新换代。由于单片机的体积更小、控制功能更强，还可用其取代以前用各类通用微型计算机或单板机构成的控制装置。

5. 家用电器及电子玩具

单片机被普遍用于各类家用电器，目前高档的家用电器产品和电子玩具绝大多数以单片机作为其控制器，大大提高了产品的性价比和市场竞争力。

6. 武器装备

由于单片机体积小、控制功能强大，特别是其适应能力强，能在各种恶劣的环境条件下正常工作，故它被广泛地应用于各种军事武器、装备的控制中，可大大提高武器装备的自动化和智能化水平。例如，将其用于导弹制导、鱼雷及各种智能式军事装备等。

7. 医疗仪器

用单片机构成的新型医疗仪器克服了传统的医用诊疗仪器存在的不具备数据处理能力、不易得到直观而易保存的诊疗结果、人工干预工作量大、可靠性较差等缺点，具有自动化程度高、功能强、操作简便、治疗效果好、诊断结果准确直观等优点。

8. 计算机外部设备

单片机还被广泛用于计算机各种输入/输出设备的智能化，如智能化打印机和扫描仪、智能化键盘、智能化 CRT 显示器等。单片机的应用使得这些智能化外部设备与计算机间的通信更为简单、可靠，功能得到进一步扩充，操作使用更加灵活方便。

1.3.4 发展趋势

单片机技术的发展趋势可归结为以下 8 方面。

(1) 主流型机发展趋势。形成 8 位单片机为主、少量 32 位机并存的格局。

(2) 全盘 CMOS 化趋势。即在 HCMOS 基础上的 CMOS 化，HCMOS 具有低功耗及低功耗管理等特点。

(3) RISC 体系结构的发展。早期 RISC 指令较复杂，指令代码周期数不统一，难以实现流水线作业(单周期指令仅为 1 MIPS)。采用 RISC 体系结构可以精简指令系统，使其绝大部分指令为单周期指令，很容易实现流水线作业(单周期指令速度可达 12 MIPS)。

(4) 可刷新的 Flash ROM 成为主流供应状态，便于用户对系统软件进行升级和修改。

(5) ISP(系统可编程技术)及基于 ISP 的开发环境。Flash ROM 的应用推动了 ISP 的发展,实现了目标程序的串行下载,PC 可通过串行电缆对远程目标进行高度仿真、更新软件等。

(6) 单片机的软件嵌入。目前的单片机只提供程序空间,没有驻机软件。ROM 空间足够大后,可装入如平台软件、虚拟外设软件和用于系统诊断管理的软件等,以提高开发效率。

(7) 实现全面功耗管理。如采用 ID、PD 模式,双时钟模式,高速时钟/低速时钟模式和低电压节能技术。

(8) 推行串行扩展总线。如 I^2C 总线等。

本章小结

本章介绍了有关微型计算机和单片机的基本概念和基本知识。

与一般计算机的组成结构相同,微型计算机由控制器、运算器、存储器和 I/O 设备构成,其中控制器和运算器统称为中央处理器,用 CPU 表示。将 CPU 集成于一小块芯片上,称为微处理器。

微处理器是微型计算机的核心部件,它一次能处理的二进制数的位数称为字长。采用总线结构是微型计算机的一个重要特点,总线是某类信息流通的公共通路。微处理器芯片的引脚呈现为三总线结构,3 种总线包括地址总线、数据总线和控制总线。

微型计算机的工作过程是执行程序指令的过程,一条指令的执行分为取指和译码执行两个阶段。指令在机器中以二进制的形式表示,称为机器码。

C 语言程序必须翻译为机器码后才能被计算机执行,这一翻译过程称为汇编,相应的翻译软件称为汇编程序。

单片机是微型计算机的一个重要分类。将微型计算机的基本功能部件集成于一块芯片上,称为单片机。单片机具有体积小、功能强、性价比高、特别适合实现自动控制等特点,主要用于智能仪器仪表、过程控制、家用电器等领域。

思考题与习题

1-1 微处理器、微型计算机和微型计算机系统这三者之间有什么不同?

1-2 什么是总线? 微型计算机采用总线结构有什么优点?

1-3 微处理器的控制信号有哪两类?

1-4 为什么微型计算机采用二进制? 十六进制数能被微型计算机直接执行吗? 为什么要掌握十六进制数?

1-5 把下列十进制数转换为二进制数和十六进制数:

(1) 135;(2) 0.625;(3) 47.6875;(4) 0.94;(5) 111.111;(6) 195.12

1-6 何谓单片机? 它与通用微型计算机相比,在结构上有何异同?

第 2 章

CHAPTER 2

8086 微处理器及其体系结构

2.1 内部结构

8086 微处理器是 1978 年由 Intel 公司推出的第一款 16 位微处理器。Intel 8086 微处理器采用 HMOS 工艺制造，集成了大约 29 000 个晶体管，提供 40 引脚的双列直插式封装芯片。Intel 8086 微处理器的工作频率最高为 8MHz，具有 20 根地址线和 16 根数据线，可直接寻址 1MB 内存，支持 8 位和 16 位带符号/无符号的算术运算。

8086 微处理器的内部结构框图如图 2-1 所示。可以看出，8086 微处理器由总线接口部件(Bus Interface Unit，BIU)和执行部件(Execution Unit，EU)两部分组成，图中用虚线隔开。

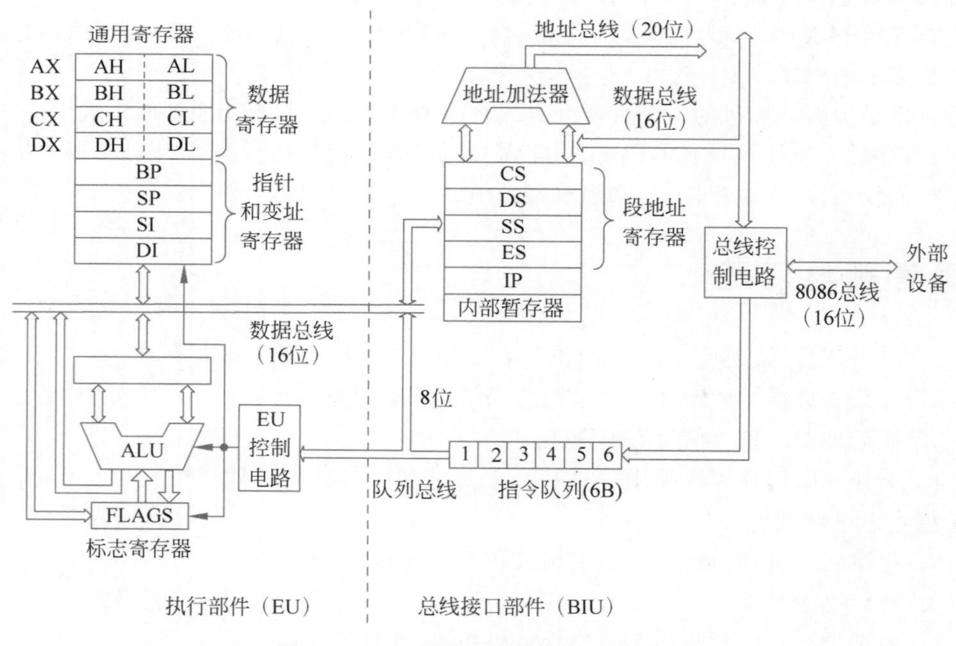

图 2-1 8086 微处理器的内部结构框图

1. 总线接口部件

总线接口部件主要由 4 个 16 位的段寄存器、1 个 16 位指令指针(IP)、1 个 20 位地址加法器、6B 的指令队列和总线控制电路组成。其主要功能是形成访问存储器的物理地址、从存储器取指令暂存到指令队列中等待执行，从存储器或I/O端口读取操作数参加EU运算或存放运算结果等。总线接口部件也提供基本的总线时序控制功能。

各部分的功能说明如下。

(1) 段寄存器：包括代码段寄存器(CS)、数据段寄器(DS)、堆栈段寄存器(SS)和附加段寄存器(ES)，分别用于存放当前代码段、数据段、堆栈段和附加段的段基地址。

(2) 指令指针：用于存放下一条要读取指令的偏移地址。

(3) 加法器：用于逻辑地址到物理地址的转换，即将段寄存器的16位段地址左移4位后与来自IP寄存器或执行部件提供的16位偏移地址相加，形成一个20位的物理地址。

(4) 指令队列：用于存放预取的指令。指令队列采用"先进先出"的原则，在当前指令译码或执行时，可以预先读入后续的指令到指令队列中。执行部件执令完一条指令后，即可从指令队列头部取下一条指令执行，省去了CPU等待取指令的时间，允许取指令和执行指令并发，从而提高了微处理器的运行效率。

(5) 总线控制电路：用于产生并发出总线控制信号，以实现微处理器对存储器和I/O端口的读/写控制。

2. 执行部件

执行部件由1个16位的算术逻辑单元(ALU)、8个通用寄存器、1个标志寄存器和1个EU控制电路组成，其主要功能是执行指令。它从BIU的指令队列头部读入待执行的指令，译码后提供操作数地址给BIU请求操作数，EU执行指令后将处理结果回送给BIU，同时根据运算结果更新标志寄存器FLAGS中的状态标志位。

各部分的功能说明如下。

(1) 算术逻辑单元(ALU)：ALU完成16位或8位的算术运算或逻辑运算。在运算时，数据先传送至16位的暂存寄存器中，经ALU处理后，运算结果可通过内部总线送入通用寄存器或由BIU存入存储器。

(2) 通用寄存器组：包括4个数据寄存器(AX、BX、CX、DX)、4个地址指针和变址寄存器(BP、SP、SI和DI)。

(3) 标志寄存器FLAGS：用于存放ALU最后一次运算结果的状态特征或存放控制标志。

(4) EU控制电路：用于接收从BIU中指令队列取来的指令，经过指令译码形成各种定时控制信号，向EU内各功能部件发送相应的控制命令，以完成每条指令所规定的操作。

2.2 工作模式

8086微处理器具有两种工作模式，即最小模式和最大模式。最小模式是单机系统，适用于较小规模的系统；最大模式可构成多处理机系统，适用于中、大规模的系统。

1. 最小工作模式

当芯片的$\mathrm{MN}/\overline{\mathrm{MX}}$引脚接$V_{\mathrm{CC}}$电源时，8086微处理器工作于最小模式，即整个系统只有8086一个微处理器，并由它直接产生所有的总线控制信号，以实现存储器和I/O设备的访问和控制。最小模式系统如图2-2所示。

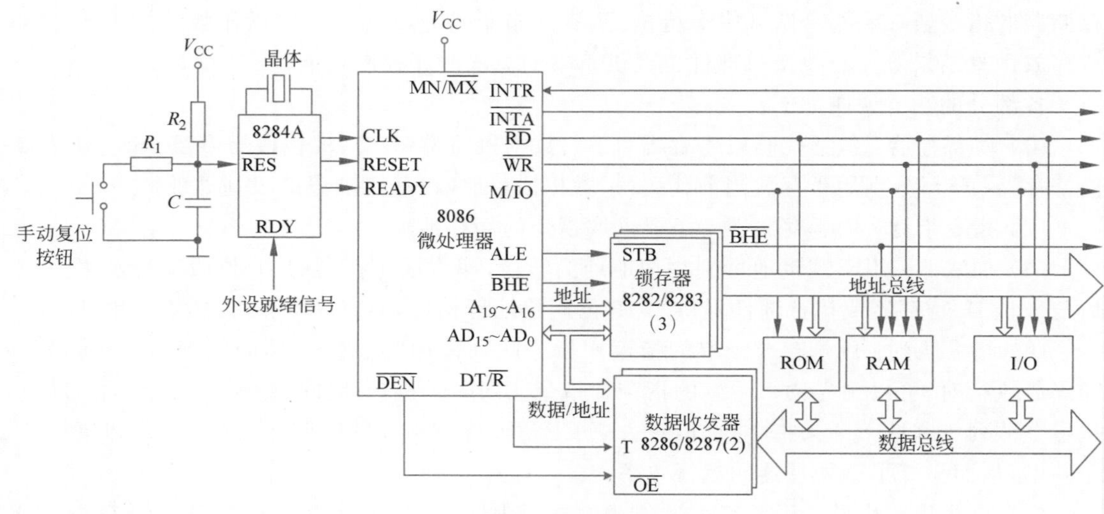

图 2-2　最小模式系统

2. 最大工作模式

当芯片的 MN/$\overline{MX}$ 引脚接地时，8086 微处理器工作于最大模式，如图 2-3 所示。最大模式系统通常包含两个或多个处理器，其中，8086 作为主处理器，其他处理器为协处理器。在最大模式系统中，总线控制信号由一个总线控制器 8288 根据 8086 CPU 输出的总线周期状态信号（$\overline{S_2}$、$\overline{S_1}$、$\overline{S_0}$）产生。

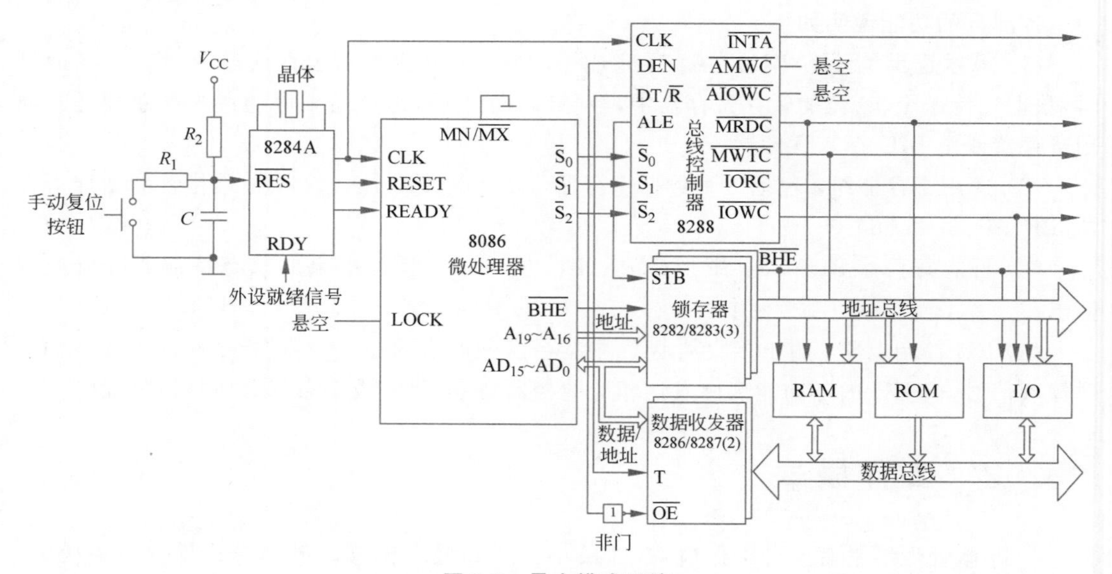

图 2-3　最大模式系统

2.3　引脚功能介绍

8086 微处理器采用 40 条引脚的双列直插封装，其引脚分布如图 2-4 所示。为了减少芯片的引脚，8086 微处理器采用引脚复用技术，因此部分引脚具有双重功能。一方面，采用了分时复用的地址/数据和地址/状态引脚；另一方面，根据不同的工作模式(最小模式/最大模式)定义不同的引脚功能。

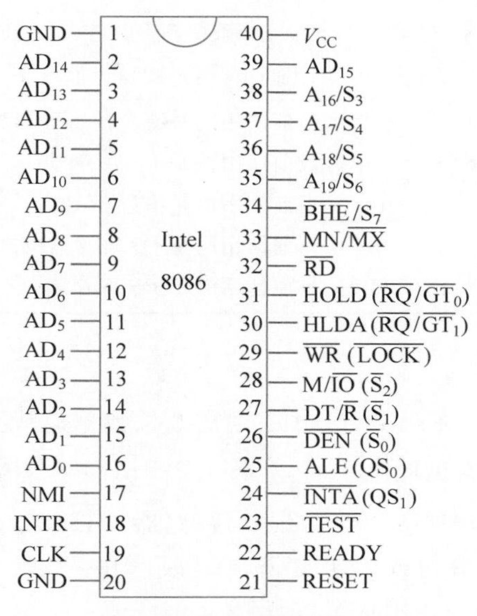

图 2-4 8086 引脚分布图

图 2-4 中，24～31 引脚为最大模式和最小模式复用引脚，括号内所标示的为最大模式下的功能引脚，括号外所标示的为最小模式下的功能引脚。

下面介绍 8086 微处理器的公共引脚和最小/最大模式下引脚的功能。

2.3.1 公共引脚

公共引脚可分为电源线/地线、地址/数据引脚和控制引脚。

1. 电源线和地线

(1) V_{CC}：+5V 电源输入脚。

(2) GND：1、20 脚接地。

2. 地址/数据引脚

(1) AD_{15}～AD_0(Address Data Bus)：地址/数据总线，传送地址时以三态输出，传送数据时可双向三态输入/输出。在总线周期的 T_1 状态时钟周期内，用作访问存储器或 I/O 端口的地址总线；在总线周期的 T_2～T_4 状态时钟周期内，用作数据总线。

(2) A_{19}/S_6～A_{16}/S_3(Address/Status)；地址/状态线，输出，三态。在总线周期的 T_1 状态时钟周期内，用作高 4 位数据线，与 AD_{15}～AD_0 一起构成访问存储器的 20 位物理地址。在读写 I/O 端口时，这些地址线未使用，始终保持低电平。在总线周期的 T_2、T_3、T_w 和 T_4 状态时钟周期内，用作状态信号线 S_3～S_6，状态信号线的功能如表 2-1 所示。

表 2-1 S_3～S_6 状态信号线

状态线	状态信息
S_6	S_6 总是为 0，表示 8086 与总线相连
S_5	S_5 指示当前外部可屏蔽中断允许控制位 IF 的设置； IF=1 时，S_5 输出高电平，否则输出低电平
S_4、S_3	S_4 和 S_3 指示当前使用的是哪个段寄存器。 S_4S_3=00 时，当前使用的是 ES 寄存器； S_4S_3=01 时，当前使用的是 SS 寄存器； S_4S_3=10 时，当前使用的是 CS 寄存器或未使用任何段寄存器； S_4S_3=11 时，当前使用的是 DS 寄存器

3. 控制引脚

(1) $\overline{BHE}/S_7$(Bus High Enable/Status)：高 8 位数据总线允许/状态线。总线周期的 T_1 状态时钟周期内，$\overline{BHE}$ 输出低电平时，允许 CPU 访问存储器或 I/O 的奇体(奇数物理地址)，即通过高 8 位数据总线(D_{15}～D_8)读/写存储器，$\overline{BHE}$ 与 AD_0 的不同组合表明 CPU 的不同操作，如表 2-2 所示，在总线周期的 T_2、T_3、T_w 和 T_4 状态时钟周期内，用作状态信号线 S_7。在 8086 中，S_7 作为备用状态，未定义。

表 2-2 $\overline{BHE}$ 与地址线 AD_0 组合对应的操作

$\overline{BHE}$	AD_0	操　作
0	0	从偶地址读/写一个字数据，有效数据总线为 D_{15}～D_0
0	1	从奇地址读/写一个字节数据，有效数据总线位 D_{15}～D_8
1	0	从偶地址读/写一个字节数据，有效数据总线位 D_7～D_8
1	1	无效

(2) $MN/\overline{MX}$(Minimun/Maximun)：最小/最大模式控制信号。当 $MN/\overline{MX}$ 接电源 V_{CC} 时，8086 工作在最小模式；当 $MN/\overline{MX}$ 接地时，8086 工作在最大模式。

(3) $\overline{RD}$(Read)：读信号，三态输出，低电平有效。$\overline{RD}$ 输出低电平时，表示正在对存储器或 I/O 端口进行读操作，此时，$M/\overline{IO}(S_2)$引脚的状态指示当前读取的是存储器还是 I/O 端口。当 $M/\overline{IO}(S_2)=1$ 时，读取的是存储器，否则读取 I/O 端口。

(4) $\overline{TEST}$：检测信号输入，低电平有效。该检测信号与 Wait 指令配合使用，当 $\overline{TEST}$ 输入为低电平时，继续执行 Wait 指令后面的指令，否则 CPU 保持空闲状态，直到 $\overline{TEST}$ 输入变为高电平。

(5) READY：准备就绪信号输入，高电平有效，READY 信号是 CPU 访问存储器或 I/O 端口时，存储器或 I/O 端口发来的准备就绪信号。当 READY 变为高电平时，表示存储器或 I/O 端口已准备好，可以完成一次数据传输。CPU 在每个总线周期的 T_3 状态时钟周期内对 READY 进行采样，若为高电平，说明存储器或 I/O 端口已经就绪，否则说明存储器或 I/O 端口未准备好。CPU 在 T_3 状态后自动插入一个或几个 T_w 状态，直到 READY 变为高电平，才能进入 T_4 状态，完成数据传输并结束当前总线周期。

(6) INTR(Interrupt Request)：可屏蔽中断请求信号，电平触发，高电平有效，当 CPU 检测到该信号有效时，且系统允许可屏蔽中断请求(中断允许标志 IF=1)，则 CPU 在执行结束当前指令周期后，立即响应中断。CPU 总是在每个总线周期的 T_4 状态采样 INTR 电平。

(7) NMI(Non-Maskable Interrupt Request)：非屏蔽中断请求信号，是输入信号，上升沿触发。该中断请求不可通过软件屏蔽，不受标志寄存器 FLAGS 中的 IF 位影响。NMI 输入由低电平变为高电平时，CPU 在执行完当前指令之后，立即执行非屏蔽中断处理程序。

(8) RESET：复位信号，是输入信号，高电平有效。复位时，RESET 输入至少要保持 4 个时钟周期的高电平。复位会立即中断 CPU 当前的操作，并重头开始执行程序。

(9) CLK(Clock)：是时钟信号，为 CPU 和总线控制电路提供基准时钟，由时钟发生器 8284 输入。8086 可使用的时钟频率随芯片型号不同而异：对于 8086 芯片，时钟频率为 5MHz；对于 8086-1 芯片，时钟频率为 10MHz；对于 8086-2 芯片，时钟频率为 8MHz。

2.3.2 最小模式下的引脚

下面仅介绍最小模式下 24～31 脚的功能定义($MN/\overline{MX}$ 接电源 V_{CC})。

(1) $M/\overline{IO}$($Memory/\overline{IO}$)：存储器或 I/O 端口的访问指示信号，三态输出。$M/\overline{IO}$ 信号用于区分访问的是存储器还是 I/O 端口。当 $M/\overline{IO}$ 输出高电平时，表示 CPU 访问的是存储器；当 $M/\overline{IO}$ 输出低电平时，表示 CPU 访问的是 I/O 端口。

(2) $\overline{WR}$(Write)：写信号，三态输出，低电平有效。该信号有效时，表示 CPU 正在执行存储器写操作或 I/O 端口写操作。此时，写操作对象是存储器还是 I/O 端口，取决于 $M/\overline{IO}$ 输出信号。

(3) $\overline{INTA}$(Interrupt Acknowledge)：中断响应信号，是输出信号，低电平有效。CPU 用于响应外部发来的 INTR 信号，在中断响应总线周期，可作为读选通信号。

(4) ALE(Address Latch Enable)：地址锁存允许信号，是输出信号，高电平有效。在每个总线周期的 T_1 状态，ALE 一直输出高电平，此时地址总线上输出有效的访问地址。外部地址锁存器可以利用 ALE 的下降沿来锁存地址。

(5) $DT/\overline{R}$(Data Transmit/Receive)：数据发送/接收控制信号，三态输出。在使用 8286/8287 数据收发器的最小模式系统中，$DT/\overline{R}$ 信号用来指示数据传输的方向。当 $DT/\overline{R}$ 为低电平时，进行数据接收(8086 读数据)；当 $DT/\overline{R}$ 为高电平时，进行数据发送(8086 写数据)。

(6) $\overline{DEN}$(Data Enable)：数据允许信号，三态输出，低电平有效。在使用 8286/8287 数据收发器的最小模式系统中，在存储器访周期、I/O 端口访问周期或 INTA 中断响应周期内，$\overline{DEN}$ 输出低电平，信号有效，可以作为数据收发器 8286/8287 的选通信号。

(7) HOLD(Hold Request)：总线保持请求信号，是输入信号，高电平有效，该信号有效时，表示总线上另一个主设备请求占用总线。当 CPU 允许让出总线时，则置 HLDA 为高电平来响应要求，同时使用地址总线/数据总线及控制总线为高阻状态。当 CPU 检测到 HOLD 为低电平后，将 HLDA 也置为低电平，并收回总线控制权。

(8) HLDA(Hold Acknowledge)：总线保持响应请求信号，是输出信号，高电平有效；与 HOLD 信号配合使用。

2.3.3 最大模式下的引脚

下面仅介绍最大模式下 24～31 脚的功能定义（MN/$\overline{MX}$ 接地）。

（1）$\overline{S}_2$、$\overline{S}_1$、$\overline{S}_0$（Bus Cycle Status）：总线周期状态信号，三态输出，由 CPU 送给总线控制器 8288，以便产生访问存储器和 I/O 端口的控制信号，编码及相应操作功能如表 2-3 所示。

表 2-3 $\overline{S}_2$、$\overline{S}_1$、$\overline{S}_0$ 状态编码及相应操作功能

$\overline{S}_2$	$\overline{S}_1$	$\overline{S}_0$	操　作	$\overline{S}_2$	$\overline{S}_1$	$\overline{S}_0$	操　作
0	0	0	中断响应	1	0	0	取指
0	0	1	读 I/O 端口	1	0	1	读存储器
0	1	0	写 I/O 端口	1	1	0	写存储器
0	1	1	暂停	1	1	1	无作用

（2）$\overline{LOCK}$：总线封锁信号，三态输出，低电平有效。该信号有效时，系统不允许总线上的其他主控设备占用系统总线。

（3）$\overline{RQ/GT_0}$、$\overline{RQ/GT_1}$（Request/Grant）：总线请求/允许信号，低电平有效。该信号用于接收总线上其他主控设备发出的总线请求信号，这两个引脚都是双向引脚，即在同一引脚上接收其他主控设备的总线请求信号（其他主控设备→8086），然后再发送允许信号（8066→其他主控设备）；也可以同时与两个外部主设备连接，但 $\overline{RQ/GT_0}$ 的优先级高于 $\overline{RQ/GT_1}$。

本章小结

本章简单地介绍了 8086 微处理器的内部结构和引脚功能，要求读者重点了解 8086 CPU 内部 BIU 和 EU 各部分组成的功能，了解 8086 CPU 各引脚的功能，了解 8086 的最大模式和最小模式的概念，能区分 8086 的最大工作模式和最小工作模式。

思考题与习题

2-1　8086 微处理器由哪两部分组成？它们的主要功能分别是什么？

2-2　8086 微处理器的段寄存器有哪些？各有哪些用途？

2-3　简述 8086 微处理器的地址加法器的功能。

2-4　什么是 8086 微处理器的最大工作模式和最小工作模式？

第3章 MCS-51 系列单片机的结构及原理

CHAPTER 3

MCS-51 单片机是 Intel 公司开发的一种非常成功的单片机类型，现在已普遍应用在工业控制、智能仪器仪表、嵌入式装置等领域中。由于其使用范围广、开发方便、用户众多，所以，目前已经有好几家公司生产与 MCS-51 系列单片机兼容的单片机芯片，如 8051、SST8051 等。有些兼容的 51 系列单片机具有更高的时钟频率（如 Atmel 公司的芯片产品 AT83C5111 的时钟频率为 66MHz）、更快的运行速度和更强的功能。由于 51 系列单片机在各个行业中被大量使用，未来的市场也很被看好，因此，很多厂商纷纷推出引脚与 51 系列兼容的单片机，以及支持 51 系列单片机的程序开发工具，为 51 系列单片机应用展现出美好的前景。

本章主要以 8051 为主，从整体上介绍 51 系列单片机的组成与结构特点、存储空间分配情况、单片机内部常用接口资源，以及 51 单片机工作时序等内容。通过本章学习，使读者对 51 系列单片机组成与结构特点有一个总体认识，为后续章节中具体学习有关内容奠定基础。

3.1 内部结构

MCS-51 系列单片机是双列直插封装形式的集成元器件，内部采用模块式结构，包含了一个独立的微型计算机硬件系统应具有的各个功能部件和一些重要的功能扩展部件，其结构框图如图 3-1 所示。从总体上看，MCS-51 单片机包括 CPU、存储器和外部端口等，也就是说，在一块芯片上集成了微型计算机主机的全部部件，因此称其为单片机。

下面对其组成部分进行简要的说明。

1. 微处理器

结构框图中的一个重要功能部件是微处理器，也称中央处理器，一般由运算器和控制器组成。

1）运算器

人们常说计算机处理数据，“处理”的一个重要内容就是运算：一类是算术运算，另一类是逻辑运算。CPU 中完成这些运算的部件就是运算器，它还可以实现数据传送。运算器主要的单元和寄存器包括：算术逻辑单元 ALU；两个 8 位暂存器 TMP1 与 TMP2；8 位累加器 ACC，在指令系统中简写为 A，经常使用，是最繁忙的寄存器；寄存器 B；程序状态字 8 位寄存器。运算器的具体功能包括：加、减、乘、除算术运算；增量（加 1）、减量（减 1）；十进制数调整；位的置 1、清 0 和取反；与、或、异或等逻辑操作。

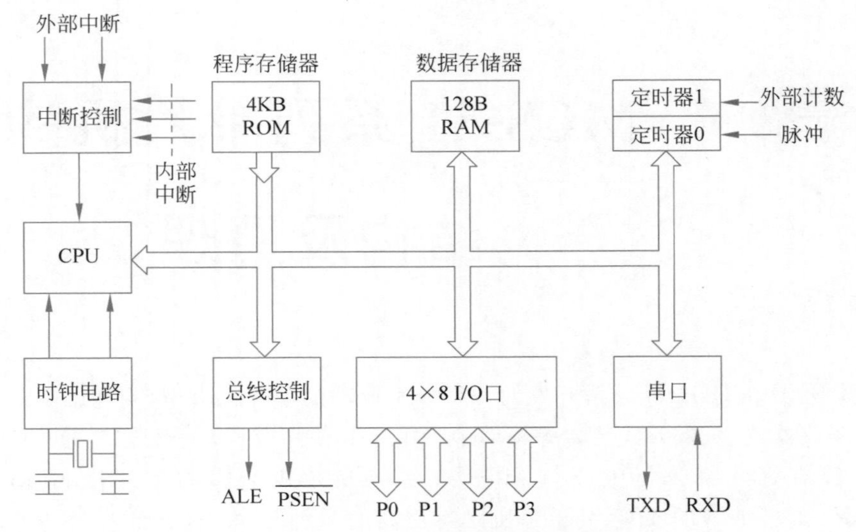

图 3-1　MCS-51 系列单片机结构框图

2）控制器

如果要进行运算，例如“6＋4”，事先应按 MCS-51 系列单片机指令系统的编程规则编好“6＋4”的程序，存放于程序存储器中。计算机执行程序时，按程序的顺序取一个任务（指令），经寄存、译码，送入定时控制逻辑电路，产生定时信号和控制信号以完成这一任务；再取一个任务，再完成，不会有错，因为 CPU 内有个控制器，控制着整个单片机系统各操作部件有序工作。一次一次地取任务，这样会不会很慢呢？不会，控制器中的时钟发生器可产生一定序列的频率很高的脉冲，每秒可进行上万次、几十万次的操作。整个单片机便是在控制器发出的各种控制信号的控制下，统一协调地进行工作的。控制器包括时钟发生器、程序计数器（PC）、指令寄存器、指令译码器、存储器的地址/数据传送控制、定时控制逻辑电路等。

程序计数器是控制器中重要的寄存器，简称 PC 或 PC 指针，用于存放指令在程序存储器中的存储地址。8051 的程序计数器有 16 位，但用户不可对它进行读写操作，CPU 根据它提供的存储地址取指令并执行。当取出指令后，PC 自动加 1 就得到下一个存储单元的地址，PC 的新地址值就叫 PC 当前值。如果在执行程序时得到转移指令、子程序调用/返回等指令，那么 CPU 将转移地址送到 PC，并从新地址开始执行程序。就像邮递员挨家挨户送信，送完一家，再送下一家，一个接一个，如果他突然接到通知，必须到另一条街去送信，那么邮递员必须按命令转到另一条街挨家挨户地送信。

2．程序存储器与数据存储器

要使单片机完成一些任务，必须先编好程序，这些用二进制码编成的程序通过键盘等输入设备，存放在存储器中。读/写的数据，如运算的中间结果、最终结果等也要放在存储器中。所以，存储器像个仓库，只不过这个仓库不存放物品，而存放用 0、1 表示的程序和数据。

存储器也有很多存储单元，8051 单片机的一个存储单元可存放 8 位二进制数。CPU 对某个存储单元进行数据读写操作时，为了区分存储单元，需要给每个单元编号，这就是存储单元的地址。CPU 通过地址总线送出要寻找的存储单元地址。

根据用途，存储器可分为程序存储器和数据存储器。

1）程序存储器

单片机内部的程序存储器按字节存放指令和原始数据，主要有以下几类：

（1）ROM 型单片机。这种单片机的程序存储器中的内容是固化的专用程序，不可改写，如 8051。

（2）EPROM 型单片机。其内容可由用户通过编程器写入，也可通过紫外线擦除器擦除，如 8751。

（3）Flash Memory 型单片机。内部含有快速的 Flash Memory 程序存储器，用户可用编程器对程序存储器进行反复擦除、写入，使用十分方便，如 89C51。

（4）无程序存储器的单片机。这种单片机内部没有程序存储器，必须外接 EPROM 程序存储器，如 8031。

2）数据存储器

数据存储器是用来存放数据的存储器，MCS-51 系列单片机内部有 RAM 和特殊功能寄存器两种数据存储器。

3. 并行输入/输出（I/O）端口

8051 单片机有 4 个并行输入/输出端口 P0～P3，每个端口都可进行 8 位输入或输出操作，这些端口是单片机与外部设备或元器件进行信息交换的主要通道，这种方式就是并行通信。并行通信速度快，适合近距离通信。如 P1 口（8 位）是一个并行接口，作为输出口时，CPU 将一个 8 位数据写入 P1，这 8 位数据在 P1 口的 8 个引脚上并行地输出到外部设备。

MCS-51 芯片内的 4 个并行输入/输出端口 P0～P3 的内部结构及使用将在 3.2 节中详细讲述。

4. 定时/计数器

单片机内部有两个 16 位定时/计数器，它既可设置成计数方式，用于计数；又可设置成定时方式，实现定时，并以定时或计数结果对单片机进行控制。

5. 中断源

MCS-51 系列单片机的中断功能很强，以满足控制的需要。8051 共有 5 个中断源，包括 2 个外部中断源和 3 个内部中断源（2 个定时/计数中断、1 个串行中断）。

6. 串口

数据以串行顺序传送，称为串行通信。8051 具有一个双工的串行接口，全双工的串行通信就是用两条线连接发送器和接收器，其中一条用于发送数据，另一条用于接收数据，这样每条线只负担一个方向的数据传送，这种通信适用于远距离通信。

7. 时钟电路

MCS-51 系列单片机的内部有时钟电路，外接石英晶体和微调电容，可振荡产生 1.2～12MHz 的时钟频率，8051 的频率多数为 12MHz，振荡周期为 1/12μs，一个振荡脉冲称为一个节拍，用 P 表示；振荡脉冲经过二分频就是单片机的时钟信号，把时钟信号的周期称为状态，用 S 表示。这样，一个时钟信号包含两个振荡脉冲，每两个振荡周期就组成一个状态周期，即 1/6μs。状态周期是完成一种微型计算机操作的周期。机器周期包含 6 个状态周期，是指完成一种基本操作的周期，故机器周期为 1μs。

8. 总线

上述这些部件通过总线连接起来，从而构成一个完整的单片机系统。单片机的总线按功能可分为地址总线（AB）、数据总线（DB）、控制总线（CB）3 种。系统的地址信号、数据信号和控制信号都是通过相应的总线传送的。总线结构减少了单片机的连线和引脚，提高了集成度和可靠性。总线在图中可以有两种表示方法：

（1）用带箭头的空心线表示；

（2）用一条带小斜杠的线段表示，斜杠边的数字表示总线的条数。

存储器存储单元的数量应与地址总线宽度相对应，如现有 8 个存储单元，就需有 3 条地址线，这样可形成 $2^3=8$ 个单元地址，所以存储器的存储容量决定了与之相连的地址总线的条数。MCS-51 系列单片机的内部数据存储器有 256 个单元，故应有 8 条地址总线。每个存储单元含有的位数决定了与之相连的数据总线的条数，若一个存储单元可存 8 位二进制数，就必须有 8 条数据线。

3.2 引脚及功能

3.1 节重点介绍了 MCS-51 系列单片机的内部总体结构，对 8051 的 CPU 和存储器有了基本了解。单片机发挥控制作用，其内部总要和外界进行通信，输入或输出信息。单片机的引脚即片内、片外联系的通道，用户只能使用引脚，即通过引脚组件控制系统，因此，熟悉引脚是学习单片机的重要内容。本节重点讲述 8051 单片机的引脚及功能。

8051 为 40 脚双列直插封装型元器件，其引脚图和逻辑符号如图 3-2 所示。

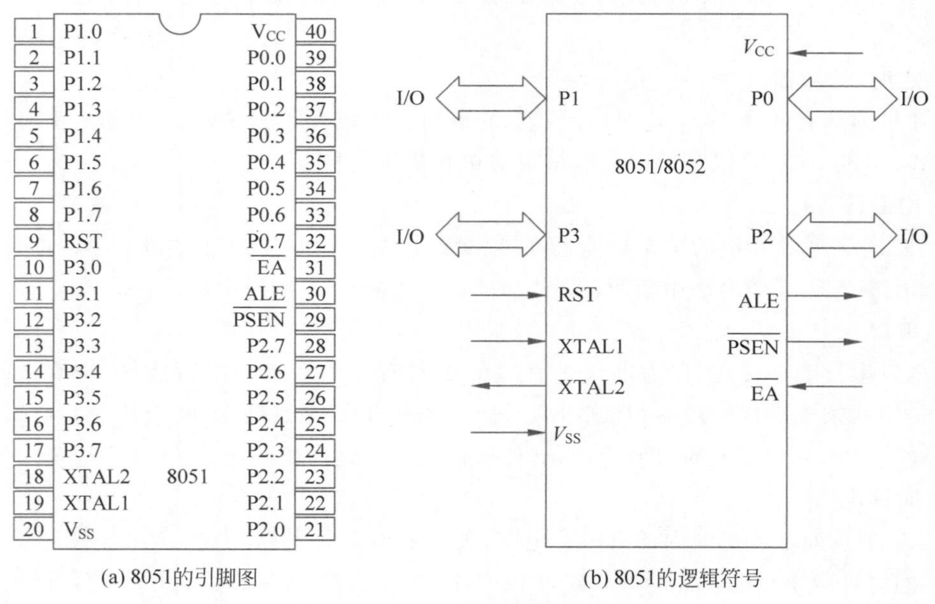

(a) 8051的引脚图　　(b) 8051的逻辑符号

图 3-2　8051 的引脚图及逻辑符号

根据集成元器件引脚序列的有关规定，按图 3-2 所示的正面视图方向，缺口在上方，左上方为第 1 引脚。按逆时针方向依次标号，图 3-2(a)所示为各引脚的编号及名称(复用引脚只标第一功能)，图 3-2(b)所示为 8051 的逻辑符号，带箭头的空心线段表示总线，箭头方向表示信号流向，双向箭头表示既可输入，又可输出。

40 个引脚大致可分为电源、时钟、复位、I/O 口、控制总线等部分，下面具体分析它们的功能。

1. 电源引脚

V_{CC}(40 脚)：8051 工作电源接线，接+5V 直流。

V_{SS}(20 脚)：8051 接地端。

2. 时钟振荡电路引脚 XTAL1(19 脚)和 XTAL2(18 脚)

XTAL1 和 XTAL2 是时钟电路的引脚，时钟振荡电路的接法有两种，如图 3-3(a)和图 3-3(b)所示。图 3-3(a)是外接石英晶体和微调电容，与内部电路构成振荡电路，其振荡频率就是石英晶体固有频率，振荡信号送至内部时钟电路产生时钟脉冲信号。图 3-3(b)是 XTAL1 与 XTAL2 的另一种接法，XTAL1 接地，XTAL2 接外部时钟电路，由外部时钟电路向片内输入时钟脉冲信号。

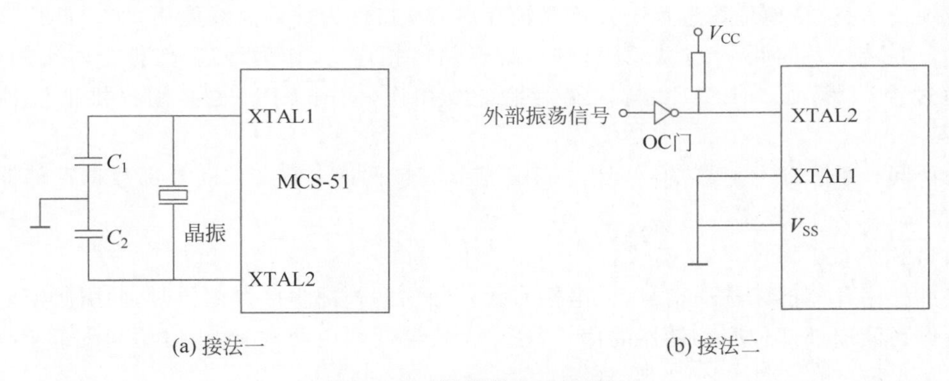

图 3-3 时钟振荡电路的接法

3. 复位引脚 RST(9 脚)

单片机在启动运行时都需要复位，复位可使 CPU 和系统中的其他部件处于一个确定的初始状态，并从这个初始状态开始工作。当复位引脚 RST 上出现高电平并持续一定时间(约两个机器周期)时，系统就复位，内部寄存器处于初始状态；若保持高电平，则单片机循环复位；RST 从高电平变为低电平后，CPU 从初始化状态开始工作。单片机的复位方式有两种。

1) 上电自动复位电路

上电自动复位电路如图 3-4 所示，其复位是依靠 *RC* 充电来实现的。加电瞬间，V_{RST}=5V(高电平)，电容充电，V_{RST} 下降，*RC* 越大，则充电越慢，V_{RST} 下降越慢，保持一定时间高电平即可以可靠复位。若复位电路失效，加电后 CPU 不能正常工作。

2）人工复位

人工复位如图 3-5 所示，将一个按钮开关并联于上电自动复位电路，按一下按钮，在 RST 端口出现一段时间的高电平，使单片机复位。

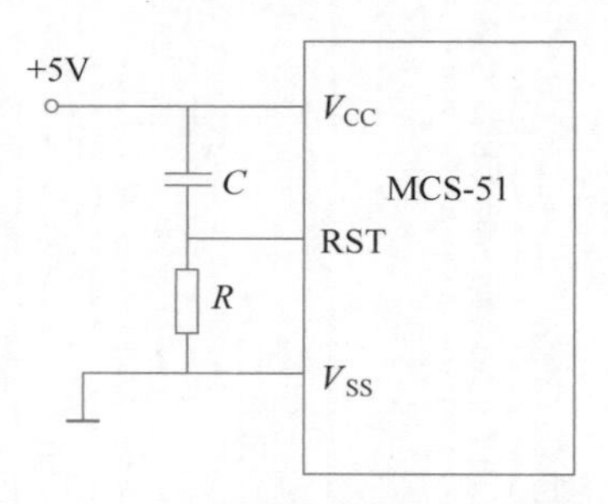

图 3-4　上电自动复位电路

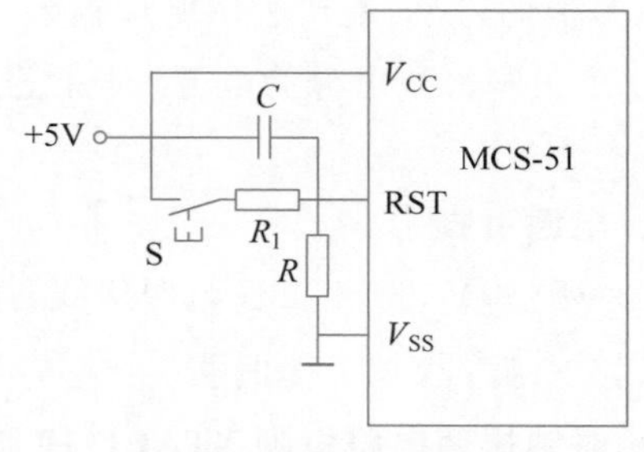

图 3-5　人工复位

4. 控制信号线

1）ALE（30 脚）

低 8 位地址锁存控制信号。在计算机系统中，为了减少 CPU 芯片引脚数目，常采用地址/数据分时复用同一引脚的方法。MCS-51 系列单片机读/写外部存储器时，P0 口先输出低 8 位地址信息，待地址信息稳定并可靠锁存后，P0 口作为数据总线使用，实现低位地址和数据的分时传送。因此，当这类 CPU 与外部存储器相连时，作为地址/数据分时复用引脚，需要通过锁存器，如 74LS373，与存储器地址线相连，同时 CPU 也必须提供地址锁存信号 ALE。

在访问外部程序存储器的周期内，ALE 信号有效两次；而在访问外部数据存储器的周期内，ALE 信号有效一次。

2）$\overline{\text{PSEN}}$（29 脚）

外部程序存储器读选通信号，低电平有效。在访问外部程序存储器时，此引脚定时输出负脉冲作为读取外部程序存储器的信号，在一个机器周期内两次有效，但访问内部 ROM 和外部 RAM 时，不会产生 $\overline{\text{PSEN}}$ 信号。

3）$\overline{\text{EA}}$（31 脚）

程序存储器控制信号。$\overline{\text{EA}}$=1 时，CPU 访问程序存储器，有两种情况：

（1）当访问地址在 0～4KB 时，CPU 访问片内程序存储器。

（2）当访问地址超出 4KB 时，CPU 自动访问外部程序存储器。

$\overline{\text{EA}}$=0 时，CPU 只访问外部程序存储器 ROM。

5. I/O 端口引脚

51 系列单片机 I/O 端口的个数依据封装、引脚不同而不同，40 脚封装的芯片共有 4 个 8 位端口，分别是 P0、P1、P2、P3，这些端口大多为复用功能，分别说明如下。

P0 口（32～39 脚）：端口 P0 共有 8 根引脚，分别表示为 P0.0，P0.1，…，P0.7。P0 口是一个漏极开路的 8 位准双向 I/O 端口，作为漏极开路的输出端口，每位可以驱动 8 个 LS 型 TTL 负载。

P0 口有两种使用方式：第一种是作为普通并口使用，可以直接连接外部设备或外设接口，如连接 LED 驱动电路，作为普通并口时的端口地址为 80H；第二种是当单片机需要外接片外存储器时，作为总线使用。作总线使用时，P0 口采用分时工作，用作低 8 位地址或 8 位数据复用总线。

P1 口(1～8 脚)：P1 口也有 8 根引脚，记为 P1.0，P1.1，…，P1.7。P1 口是一个带内部上拉电阻的 8 位准双向 I/O 端口，P1 口的每位能驱动 4 个 LS 型 TTL 负载。在 P1 口用作输入口时，应先向口锁存器(地址 90H)写入全 1，此时，端口引脚由内部上拉电阻上拉成高电平。

P2 口(21～28 脚)：P2 口的 8 根引脚记为 P2.0，P2.1，…，P2.7。P2 口也是一个带内部上拉电阻的 8 位准双向 I/O 端口。P2 口的每位也可以驱动 4 个 LS 型 TTL 负载。P2 口也有两种使用方式：一是作为普通并口使用，作为普通并口时的端口地址为 A0H；二是单片机需要外接片外存储器时，P2 口要作为地址总线使用，作地址总线使用时，P2 口用作高 8 位地址总线。

P3 口(10～17 脚)：P3 口也是 8 根引脚，记为 P3.0，P3.1，…，P3.7。P3 口也是一个带内部上拉电阻的 8 位 26 双向 I/O 端口，P3 口的每位能驱动 4 个 LS 型 TTL 负载，端口地址为 B0H。

P3 口与其他 I/O 端口最大的区别在于它除作为一般准双向 I/O 端口外，P3 口的每个引脚还具有专门的第二功能，也就是说，P3 口也有两种应用方式：一是作为普通并口使用，二是作为特殊功能引脚(也称为第二功能)，其特殊功能规定与说明如表 3-1 所示。

表 3-1 P3 口的特殊功能规定与说明

P3 口	P3 口特殊功能说明
P3.0	RXD(串口输入)
P3.1	TXD(串口输出)
P3.2	$\overline{\text{INT0}}$(外部中断 0 输入)
P3.3	$\overline{\text{INT1}}$(外部中断 1 输入)
P3.4	T_0(Timer0 的外部输入)
P3.5	T_1(定时器 1 的外部输入)
P3.6	$\overline{\text{WR}}$(片外数据存储器写选通控制输出)
P3.7	$\overline{\text{RD}}$(片外数据存储器读选通控制输出)

3.3 存储结构

MCS-51 系列单片机的存储器在物理结构上分为只读存储器(Read Only Memory，ROM)和随机存储器(Random Access Memory，RAM)，共有 4 个存储空间，分别为片内程序存储器、片外程序存储器、片内数据存储器和片外数据存储器。程序存储器与数据存储器各自独立编址，其存储结构如图 3-6 所示。

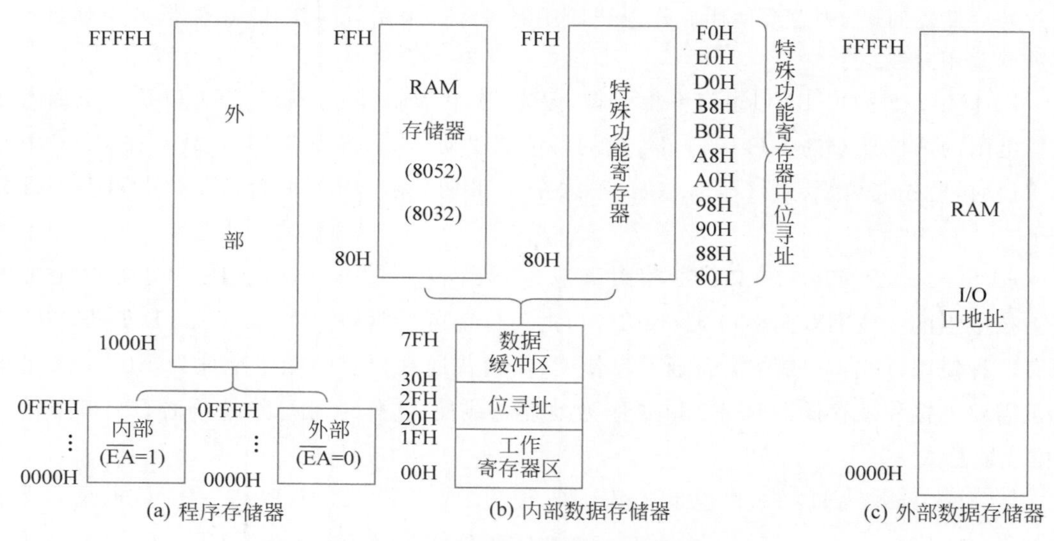

(a) 程序存储器　(b) 内部数据存储器　(c) 外部数据存储器

图 3-6　MCS-51 单片机存储结构

3.3.1　程序存储器

1. 编址与访问

计算机工作时，不断地从存储器中取指令，执行指令，取下一条指令，执行指令……这样依次执行一条条指令。因此，为了能在当前指令执行后准确地找到下一条指令，设有一个专用寄存器，用来存放将要执行的指令地址，称为程序计数器(PC)。另外，它还具有计数的功能，即每取出指令的一字节，其内容自行加 1，指向下一字节的地址，以便依次自程序存储器取指令、执行指令，完成程序的运行。

PC 是一个 16 位寄存器，程序存储器的编址可自 0000H 开始，最大可至 FFFFH，即程序存储器的寻址范围可以达到 64KB。

MCS-51 单片机有的片内有掩模只读存储器(如 8051)，有的片内有 EPROM(如 8751)，有的片内没有程序存储器(如 8031、8032)。片内有程序存储器的芯片，其片内程序存储器的容量也远小于 64KB，如需要扩展程序存储器，可外接存储器芯片，其容量可扩展到 64KB。

对 8051、8052、8751 来说，片内有程序存储器，如果外接扩展程序存储芯片，那么程序存储器的编址有两种情况。

(1) 当单片机的 $\overline{EA}$ 引脚接高电平时，片内、片外程序存储单元统一编址，先片内、后片外，片内、片外地址连续。单片机复位后，先从片内 0000H 单元开始执行程序存储器中的程序，当 PC 中的内容超过片内程序存储器的范围时，将自动转去执行片外程序存储器中的程序。

(2) 当 $\overline{EA}$ 引脚接低电平时，则片内程序存储器不起作用。外部扩展程序存储器存储单元从 0000H 单元开始编址，单片机只执行片外程序存储器中的程序。这种情况经常在调试程序时使用，片外程序存储器中存放调试程序，一旦调试正确，就将程序写入片内程序存储器，并将 $\overline{EA}$ 引脚接高电平。

对于片内无程序存储器的8031、8032，单片机的 $\overline{EA}$ 引脚应保持低电平，使程序计数器能正确地访问片外程序存储器。

2. 程序存储器中的6个特殊存储器

8031最多可外扩64KB程序存储器，其中6个单元地址具有特殊的用途，是保留给系统使用的。0000是PC的地址，一般在该单元中存放一条绝对跳转指令。0003H、000BH、0013H、001BH和0023H对应5种中断源的中断服务入口地址。

3.3.2 内部数据存储器

MCS-51单片机片内RM的配置如图3-6(b)所示。片内RAM为256B，地址范围为00H～FFH，分为两大部分：低128B(00H～7FH)为真正的RAM区；高128B(80H～FFH)为特殊功能寄存器区SFR。

1. 低128B RAM

在低128B RAM中，00H～1FH共32个单元是4个通用工作寄存器组。每一个组有8个通用寄存器R0～R7。通用工作寄存器和RAM地址的对应关系如表3-2所示。

表3-2 通用工作寄存器和RAM地址的对应关系

RS1	RS0	寄存器组	片内RAM的地址	通用寄存器名称
0	0	0组	00H～07H	R0～R7
0	1	1组	08H～0FH	R0～R7
1	0	2组	10H～17H	R0～R7
0	1	3组	18H～1FH	R0～R7

20H～2FH单元是位寻址区，共16个单元，该区的每一位都赋予位地址，RAM中的位寻址区地址如表3-3所示。位地址为00H～7FH，显然，位地址与数据存储区字节地址的范围相同，用不同的指令和寻址方式加以区别，即访问128个位地址用位寻址方式，访问低128B单元用字节操作指令，这样就可以区分开00H～7FH是表示位地址还是表示字节地址。

有了位地址就可以用位寻址方式对特定体进行操作，如置1、清0、判断是否为1、判断是否为0、位内容的传送，可用作软件标志位或用于布尔处理器，这是一般微型计算机所没有的。这种位寻址能力是MCS-51的一个重要特点，给编程带来了很大方便。

表3-3 RAM中的位寻址区地址

RAM的地址	D7	D6	D5	D4	D3	D2	D1	D0
20H	07H	06H	05H	04H	03H	02H	01H	00H
21H	0FH	0EH	0DH	0CH	0BH	0AH	09H	08H
22H	17H	16H	15H	14H	13H	12H	11H	10H
23H	1FH	1EH	1DH	1CH	1BH	1AH	19H	18H
24H	27H	26H	25H	24H	23H	22H	21H	20H
25H	2FH	2EH	2DH	2CH	2BH	2AH	29H	28H
26H	37H	36H	35H	34H	33H	32H	31H	30H
27H	3FH	3EH	3DH	3CH	3BH	3AH	39H	38H

续表

RAM 的地址	D7	D6	D5	D4	D3	D2	D1	D0
28H	47H	46H	45H	44H	43H	42H	41H	40H
29H	4FH	4EH	4DH	4CH	4BH	4AH	49H	48H
2AH	57H	56H	55H	54H	53H	52H	51H	50H
2BH	5FH	5EH	5DH	5CH	5BH	5AH	59H	58H
2CH	67H	66H	65H	64H	63H	62H	61H	60H
2DH	6FH	6EH	6DH	6CH	6BH	6AH	69H	68H
2EH	77H	76H	75H	74H	73H	72H	71H	70H
2FH	7FH	7EH	7DH	7CH	7BH	7AH	79H	78H

30H～7FH 是数据缓冲区，即用户 RAM 区，共 80 个单元。工作寄存器区、位寻址区、数据缓冲区统一编址，可使用同样的指令访问。这 3 个区的单元既有自己独特的功能，又可统一调度使用。工作寄存器区和位寻址区未用的单元也可作为一般的用户 RAM 单元，使容量较小的片内 RAM 得以充分利用。

片内 RAM 的单元还可以用作堆栈。堆栈是在单片机片内 RAM 中专门开辟的一个数据保护区，数据的存取以“先进后出，后进先出”的方式处理。这经常用于在 CPU 处理中断事件、子程序调用过程中保存程序断点和现场。堆栈有两种操作：一种是保存数据，称作压入（PUSH）；另一种称作弹出（POP）。8051 单片机内有一个 8 位的堆栈指针寄存器 SP，专用于指出当前堆栈区栈顶部是片内 RAM 的哪一个单元。8051 单片机系统复位后 SP 的初值为 07H，也就是说，系统复位后，将从 08H 单元开始堆放数据和信息。但是，可以通过软件改变 SP 寄存器的值以变动栈区。为了避开工作寄存器区和位寻址区，SP 的初值可设定为 2FH 或更大的地址值。当数据压入堆栈时，SP 的值自动加 1，指出当前栈顶的位置；弹出数据时，SP 的值自动减 1。在堆栈区中，从栈顶到栈底之间的所有数据都是被保护的对象。

2. 高 128B RAM

高 128B RAM 为特殊功能寄存器。特殊功能寄存器也叫专用寄存器（SFR），专用于控制、管理片内算术逻辑部件、并行 I/O 口、串行 I/O 口、定时器计数器、中断系统等功能模块的工作，用户在编程时可以设定不同的值，控制相应功能部件的工作，却不能另作他用。在 8051 系列单片机中，将各专用寄存器（PC 例外）与片内 RAM 统一编址，且作为直接寻址字节，可以直接寻址。8051 单片机特殊功能寄存器的说明如表 3-4 所示。

表 3-4 8051 单片机特殊功能寄存器的说明

SFR 符号	存储器名称	字节地址	位地址/位名								复位值
ACC	累加器	E0H	E7	E6	E5	E4	E3	E2	E1	E0	00H
B	B 寄存器	F0H	F7	F6	F5	F4	F3	F2	F1	F0	00H
DPH	数据指针寄存器（DPTR）	83H	—								00H
DPL		82H									00H
IE	中断允许寄存器	A8H	AF	AE	AD	AC	AB	AA	A9	A8	0XX00000B
			EA	—	—	ES	ET1	EX1	ET0	EX0	

续表

SFR 符号	存储器名称	字节地址	位地址/位名								复位值
IP	中断优先级寄存器	B8H	BF	BE	BD	BC	BB	BA	B9	B8	XXX00000B
			—	—	—	PS	PT1	PX1	PT0	PX0	
P0	P0 锁存器	80H	87	86	85	84	83	82	81	80	FFH
			P0.7	P0.6	P0.5	P0.4	P0.3	P0.2	P0.1	P0.0	
P1	P1 锁存器	90H	97	96	95	94	93	92	91	90	FFH
			P1.7	P1.6	P1.5	P1.4	P1.3	P1.2	P1.1	P1.0	
P2	P2 锁存器	A0H	A7	A6	A5	A4	A3	A2	A1	A0	FFH
			P2.7	P2.6	P2.5	P2.4	P2.3	P2.2	P2.1	P2.0	
P3	P3 锁存器	B0H	B7	B6	B5	B4	B3	B2	B1	B0	FFH
			P3.7	P3.6	P3.5	P3.4	P3.3	P3.2	P3.1	P3.0	
PCON	电源控制寄存器	87H	SMOD	—	—	—	GF1	GF0	PD	IDL	0XXX000B
PSW	程序状态字寄存器	D0H	D7	D6	D5	D4	D3	D2	D1	D0	00H
			CY	AC	F0	RS1	RS0	OV	F1	P	
SBUF	串口数据缓冲器	99H	—								07H
SCON	串口控制寄存器	98H	9F	9E	9D	9C	9B	9A	99	98	00H
			SM0	SM1	SM2	REN	TB8	RB8	T1	R1	
SP	堆栈指针	81H	—								07H
TCON	定时器/计数器控制寄存器	88H	8F	8E	8D	8C	8B	8A	89	88	00H
			TF1	TR1	TF0	TR0	IE1	IT1	IE0	IT0	
TL0	定时器/计数器0低8位	8AH	—								00H
TH0	定时器/计数器0高8位	8CH	—								00H
TL1	定时器/计数器1低8位	8BH	—								00H
TH1	定时器/计数器1高8位	8DH	—								00H
TMOD	定时器/计数器工作方式寄存器	89H	—								00H

部分特殊功能寄存器的说明如下。

1）累加器：符号 ACC（或 A）

MCS-51 单片机采用的是面向累加器的设计结构，因而累加器是使用最频繁的专用寄存器。大多指令都需要累加器参与，用来存放参加运算的操作数和运算结果。在指令中，累加器用 A 表示。

2）B 寄存器：符号 B

B 寄存器是 CPU 中的一个工作寄存器。在乘法、除法指令中用于存放一个操作数和运算结果的一部分，也可作为一般寄存器使用。

3）程序状态字寄存器：符号 PSW

程序状态字寄存器包含了当前程序执行的各种状态信息。各位定义如下。

- CY：最高位向更高位是否有进位。0 表示无进位，1 表示有进位。
- AC：辅助进位标志，表示低 4 位向高 4 位有无进位或借位。
- F0：通用标志位。供用户使用的软件标志，可由软件置位或清除。
- RS1，RS0：选择工作寄存器组，具体如表 3-2 所示。
- OV：溢出标志位，又称硬件置位或清除，常用于加法和减法对有符号数的运算。当 OV 为 1 时，表示运算结果超出了目的寄存器所能表示的有符号数的范围。
- F1：通用标志位。供用户使用的软件标志，可由软件置位或清除。
- P：累加器奇偶标志位。若累加器中 1 的个数为偶数个，则 P=0；否则，P=1。该位在指令周期后由硬件自动置位或清除。

4）堆栈指针：符号 SP

堆栈操作是在内存 RAM 区专门开辟出来的按照“先进后出”原则进行数据存取的一种工作方式，主要用于子程序调用及返回和中断处理断点的保护及返回，它在完成子程序嵌套和多重中断处理中是必不可少的。为保证逐级正确返回，进入栈区的“断点”数据应遵循“先进后出”的原则。SP 用来指示堆栈所处的位置，在进行操作之前，先用指令给 SP 赋值，以规定栈区在 RAM 区的起始地址（栈底层）。当数据压入栈区后，SP 的值也自动随之变化。系统复位后，SP 初始化为 07H。

5）程序计数器：符号 PC

PC 用于存放 CPU 下一条要执行的指令地址，是一个 16 位的专用寄存器，可寻址范围是 0000H～FFFFH，共 64KB。程序中的每条指令存放在 ROM 区的某一单元，并都有自己的存放地址。CPU 要执行哪条指令，就把该条指令所在单元的地址送上地址总线。在顺序执行程序中，当 PC 的内容被送到地址总线后，又指向 CPU 下一条要执行的指令地址。

6）数据指针寄存器：符号 DPTR

数据指针 DPTR 是一个 16 位的专用寄存器，其高位字节寄存器用 DPH 表示，低位字节寄存器用 DPL 表示。既可作为一个 16 位寄存器 DPTR 来处理，也可作为两个独立的 8 位寄存器 DPH 和 DPL 来处理。DPTR 主要用来存放 16 位地址，当对 64KB 外部数据存储器空间寻址时，作为间址寄存器使用。在访问程序存储器时，用作基址寄存器。

3.3.3 外部数据存储器

外部数据存储器一般由静态 RAM 构成，其容量大小由用户根据需要确定，最大可扩展到 64KB RAM，地址是 0000H～FFFFH。CPU 通过 MOVX 指令访问外部数据存储器，用间接寻址方式，R0、R2 和 DPTR 都可作间址寄存器。注意，外部 RAM 和扩展的 I/O 接口是统一编址的，所有的外扩 I/O 口都要占用 64KB 中的地址单元。

3.3.4 8051 的低功耗设计

在很多情况下，单片机要工作在供电困难的场合。如野外、井下和空中等，对于便携式仪器要求用电池供电，这时都希望单片机应用系统能低功耗运行。以 CHMOS 工艺制造的 80C31/8051/87C51 型单片机提供了空闲工作方式。

空闲工作方式(通常也指待机工作方式)是指 CPU 在不需要执行程序时停止工作,以取代不停地执行空操作或原地踏步等待操作,以达到减小功耗的目的。

空闲工作方式是通过设置电源控制寄存器 PCON 中的 IDL 位来实现的。

用软件将 IDL 位置 1,系统进入空闲工作方式。这时,送往 CPU 的时钟信号被封锁,CPU 停止工作,但中断控制电路、定时器/计数器和串行接口继续工作,CPU 内部状态如堆栈指针 SP、程序计数器 PC、程序状态字寄存器 PSW、累加器 ACC 及其他寄存器的状态被完全保留下来。

在空闲方式下,8051 消耗的电流可由正常的 24mA 降为 3mA。

单片机退出空闲状态有以下两种方法。

第一种是中断退出。由于在空闲方式下,中断系统还在工作,所以任何中断响应都可以使 IDL 位由硬件清 0,而退出空闲工作方式,单片机就进入中断服务程序。

第二种是硬件复位退出。复位时,各个专用寄存器都恢复默认状态,电源控制寄存器 PCON 也不例外,复位使 IDL 位清 0,退出空闲工作方式。

MCS-51 系列单片机的掉电保护也是一种节电工作方式,它和空闲工作方式一起构成了低功耗工作方式。一旦用户检测到掉电发生,在 V_{CC} 下降之前写一字节到 PCON,使 PD=1,单片机进入掉电工作方式。在这种方式下,片内振荡器被封锁,一切功能都停止,只有片内 RAM 的 00H~7FH 单元的内容被保留。

在掉电方式下,V_{CC} 可降至 2V,使片内 RAM 处于 50μA 左右的"饿电流"供电状态,以最小的耗电保存信息,V_{CC} 恢复正常之前,不可进行复位;当 V_{CC} 正常后,硬件复位 10ms 即能使单片机退出掉电方式。

在设计低功耗应用系统时,外围扩展电路也应选择低功耗元器件,这样才能达到低功耗的目的。

3.4 MCS-51 掉电保护

在单片机工作时,供电电源如果发生停电或瞬间停电,将会使单片机停止工作。待电源恢复时,单片机重新进入复位状态。停电后 RAM 中的数据全部丢失。这种现象对于一些重要的单片机应用系统是不允许发生的。在这种情况下,需要进行掉电保护处理。

掉电保护具体操作过程:单片机应用系统的电压检测电路检测到电源电压下降时,触发外部中断(INT0 或 INT1),在中断服务子程序中将外部 RAM 中的有用数据送入内部 RAM 保存。因单片机电源入口的滤波电容的蓄能作用,所以有足够时间完成中断操作。备用电源自动切换电路。备用电源自动切换电路属于单片机内部电路,由两个二极管组成。

备用电源只为单片机内部 RAM 和专用寄存器提供维持电流,这时单片机外部的全部电路因停电而停止工作。由于时钟电路停止工作,CPU 因无时钟也不工作。

当电源恢复时,备用电源还会继续供电一段时间,大约 10ms,以保证外部电路达到稳定状态。在结束掉电保护状态时,首要的工作是将被保护的数据从内部 RAM 中恢复过来。

本章小结

本章介绍了 MCS-51 系列单片机的基本结构及其工作原理。

MCS-51 系列单片机内部集成一个 8 位 CPU，一个片内振荡器及时钟电路，4KB ROM 程序存储器，128B RAM 数据存储器，两个 16 位定时器/计数器，可寻址 64KB 外部数据存储器和 64KB 外部程序存储器空间的控制电路，32 条可编程的 I/O 线（4 个 8 位并行 I/O 端口），一个可编程全双工串口。

MCS-51 系列单片机的 ROM 存储空间共 64KB，分布在片内和片外（8031 全在片外）。片内与片外统一在一套地址空间中，由 $\overline{EA}$ 引脚决定是先寻址片内还是直接寻址片外。当 $\overline{EA}=1$ 时先寻址片内，超过 4KB（52 系列为 8KB）地址后再寻址片外；当 $\overline{EA}=0$ 时只寻址片外。

MCS-51 系列单片机的 RAM 存储空间分成片内和片外两个独立空间。片内 RAM 区又可以划分为 3 个区，即通用寄存器区、位地址区和通用 RAM 区。片外 RAM 空间共有 64KB，可用于外部扩展存储器和外设端口。

MCS-51 系列单片机有 4 个并口 P3、P2、P1、P0。其中 P2 口、P0 口可以用作总线，也可以用作普通并口。当用作总线方式时，P2 口为地址总线的高 8 位，P0 口为地址总线的低 8 位，同时 P0 口也分时用作 8 位数据总线。由于 P0 口为地址数据复用，所以一定外接地址锁存器。

MCS-51 系列单片机有两个 16 位定时器/计数器 T_0 和 T_1，它们可以用作定时器，也可以用作计数器。定时计数据的核心部分是一个加法计数据。可以用软件完成其工作方式设置。

MCS-51 系列单片机加电或出现运行问题时需要复位。复位电路应该保证在单片机上电后 RST 引脚上持续至少保持两个机器周期（24 个振荡周期）的高电平。系统复位后，PC 初值为 0H，SP 初值为 07H，所有并口 P0～P3 均被设为 FFH，其余寄存器的值为 00H。

MCS-51 系列单片机有一个全双工的串口，用于数据的串行发送与接收。串口组成主要包括发送与接收缓冲器 SBUF 和相关控制逻辑。串口有 4 种工作方式。

思考题与习题

3-1 51 单片机内部包含哪些主要的逻辑功能部件？

3-2 MCS-51 引脚中有多少 I/O 总线？它们和单片机对外的地址总线和数据总线有什么关系？地址总线和数据总线各是几条？

3-3 51 单片机 $\overline{EA}$、ALE、$\overline{PSEN}$ 信号的功能分别是什么？

3-4 51 系列单片机的堆栈与通用微型计算机中的堆栈有何异同？在程序设计时，为什么要对堆栈指针 SP 重新赋值？

3-5 定时器/计数器定时与计数的内部工作有何异同？

3-6 使单片机复位有几种方式？复位后单片机的初始状态如何？

3-7 51 单片机串口有几种工作方式？这几种工作方式有何不同？各用于什么场合？

第4章 C51系列单片机程序设计

CHAPTER 4

应用于51系列单片机开发的C语言通常简称C51语言，C51语言与标准ANSI-C语言相比，C51语言针对51单片机做了一定的扩展。本章首先介绍了C语言的特点，并与汇编语言、ANSI-C语言做了比较，然后重点介绍了C语言程序的格式和特点，数据类型、变量、运算符和表达式，指针和绝对地址的访问，C51函数的使用方法，最后通过单片机控制流水灯的C51程序设计实例来加深理解。

4.1 C51语言概述

视频讲解

从单片机引入中国时开始，汇编语言一直都是比较流行的开发工具。习惯汇编语言编程的人也许会认为，高级语言的控制性不好，不像汇编语言一样简单且功能强大。汇编语言有执行效率高、控制性强等优点，但它也有一些缺点：首先是可读性不强，特别是当程序没有很好注解的时候；其次是可移植性差，代码的可重用性比较差，这些使其在维护和功能升级方面有极大的困难。C语言可以克服这些缺点，在单片机开发所使用的高级语言中，最常见的就是C语言。

1. C语言与汇编语言的比较

使用C语言进行单片机系统的开发，有着汇编语言编程所不具备的优势，主要体现在以下几方面。

(1) 不需要了解单片机指令集，也不需要了解其存储器结构。

(2) 寄存器分配和寻址方式由编译器进行管理，程序员可以忽略这些问题。

(3) 程序有规范的结构，可分为不同的系数，使程序结构化。

(4) 与使用汇编语言编程相比，程序的开发和调试时间大大缩短。

(5) C语言中的库文件提供了许多标准函数，如数学运算。开发者可以直接调用，而不必使用烦琐的汇编语言来实现。

(6) C语言可移植性好且非常普及，C语言编译器几乎适用于所有的目标系统。

(7) C语言在模块化开发、可移植性、代码管理上有明显的优势。

2. C51与ANSI-C的主要区别

目前最常见的编译器是Keil公司针对51系列单片机开发提供的C51编译器。

ANSI-C语言是一门应用非常普遍的高级程序设计语言，C51和标准的ANSI-C有一定的区别，或者说C51是对标准C语言的扩展。C51语言的特色主要体现在以下几方面。

(1) C51 继承了标准 C 语言的绝大部分的特性，其基本语法相同，但 C51 本身又在特定的硬件结构上有所扩展，如定义了关键字 sbit、xdata、idate、code 等。

(2) 编译生成的 m51 文件，包含了硬件资源使用的情况。进行 C51 编程时可以通过该文件了解系统资源。

(3) C51 头文件体现了 51 单片机芯片的不同功能。只需要将相应的功能寄存器的头文件加载在程序内就可实现它们所指定的不同功能。

(4) C51 与标准 ANSI-C 在库函数方面来说有很大的不同。部分标准 C 的库函数，如字符屏幕和图形函数等，没有包含在 C51 内。有一些库函数虽然可以使用，但这些库函数的构成及用法都有很大不同，如 printf 和 scanf 这两个函数在 ANSI-C 中通常用于屏幕打印和接收字符；而在 C51 中，它们则主要用于串行数据的收发。

视频讲解

4.2 C51 程序的基本结构

总体而言，C 语言的程序均是由一个或多个函数（或子程序，function）构成，其程序入口处是以 main()开始的函数，其余函数都是直接或间接被 main()函数调用。这些函数就是组成 C 程序的模块。C51 程序同标准 C 程序一样，尽量在一个函数内完成较少的功能，而不同函数之间设置较少的接口参数，即高内聚、低耦合。C51 程序的基本结构如图 4-1 所示。

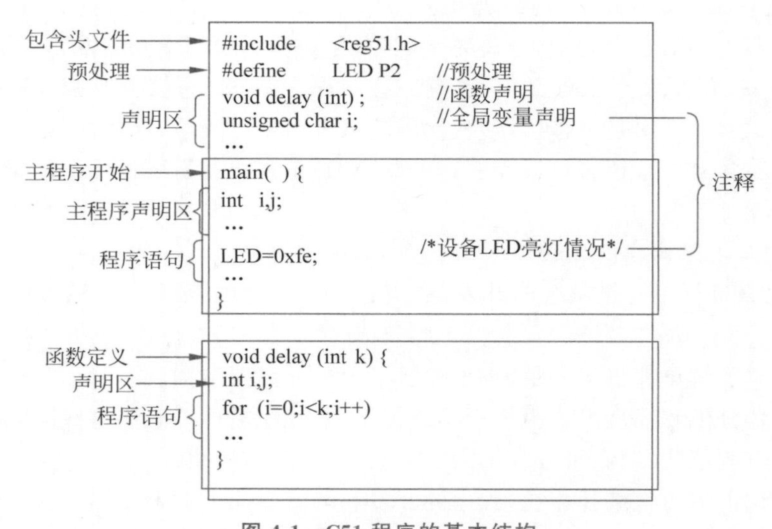

图 4-1 C51 程序的基本结构

4.3 数据类型

4.3.1 C51 数据类型

在标准 C 语言中基本的数据类型为 char、int、short、long、float 和 double，而在 C51 编译器中 int 和 short 相同；除此之外，C51 编译器还扩充了其特有的数据类型 bit、sbit、sfr 和

sfr16,如表 4-1 所示。

表 4-1 C51 的数据类型

数据类型	长度	值域
unsigned char	单字节	0～255
signed char	单字节	－128～＋127
unsigned int	双字节	0～65 535
signed int	双字节	－32 768～＋32 767
unsigned long	四字节	0～4 294 967 295
signed long	四字节	－2 147 483 648～＋2 147 483 647
float	四字节	±1.175494E－38～±3.402823E＋38
double	八字节	双精度实型变量
bit	1 个二进制位	0 或 1
sbit	1 个二进制位	0 或 1
sfr	单字节	0～255
sfr16	双字节	0～65 535

1. 位数据类型 bit

bit 数据类型使用一个二进制位来存储数据,其值只有 0 和 1 两种。所有的位变量存储在 51 单片机内部 RAM 中的位寻址区,即 RAM 区的 0x20～0x2F 的地址,共计 128 个这样的地址。因此,程序中最多只能定义 128 个位变量。

1) 位变量的定义

```
bit  变量名
```

例如,

```
bit flag = 0;                //定义一个位变量 flag
```

2) 使用限制

bit 数据类型不能作为数组,例如,

```
bit a[10];                   //错误定义
```

bit 数据类型不能作为指针,例如,

```
bit * ptr                    //错误定义
```

使用禁止中断(#program disable)和明确指定使用工作寄存器组切换(using n)的函数不能返回 bit 类型的数据。

bit 型变量除了用于变量的定义,还可用于函数的参数传递和函数的返回值中。

2. SFR 型数据 sfr

为定义存取 SFR,C51 增加了 SFR 型数据,相应地增加了 sfr、sfr16 和 sbit 这 3 个关键字。sfr 是为了能够直接访问 51 单片机中的 SFR 所提供的一个新的关键词,其定义说明如下。

```
sfr  变量名 = 地址值;
```

例如，

```
sfr P1 = 0x90; sfr P2 = 0xA0; sfr PCON = 0x87; sfr TH0 = 0x8C;
```

3. SFR 型数据 sfr16

sfr16 是用来定义 16 位特殊功能寄存器的。对于标准的 8051 单片机，只有一个 16 位特殊功能寄存器及 DPTR。其定义说明如下。

```
sfr16 DPTR = 0x82;
```

DPTR 是两个地址连续的 8 位寄存器 DPH 和 DPL 的组合。可以分开定义这两个 8 位寄存器，也可用 sfr16 定义 16 位寄存器。

4. SFR 型数据 sbit

在 C 语言中，如果直接写 P1.0 编译器不能直接识别，而且 P1.0 也不是一个合法的 C 语言标识符，所以必须给它起一个名，为它建立联系，可由 Keil C 增加的关键字 sbit 来定义。

sbit 的定义有以下 3 种。

（1）sbit 位变量名＝地址值。

（2）sbit 位变量名＝SFR 名称^变量位地址值。

（3）sbit 位变量名＝SFR 地址值^变量位地址值。

定义 PSW 中的 OV 标志位可以用以下 3 种方法。

（1）sbit　OV＝0xD2；　　　//0xD2 是 OV 的位地址值

（2）sbit　OV＝PSW^2；　　//PSW 必须先用 SFR 定义

（3）sbit　OV＝0xD0^2；　　//0xD0 是 PSW 的地址值

以上是对 SFR 的位的定义。如果不是 SFR，则必须先使用 bdata 关键字定义这个变量后才能在该变量的基础上使用 sbit。

```
int bdata ibase;                //位寻址区的 int 型变量
sbit mebit0 = ibase^0;          //ibase 的第 0 位
```

sbit 数据类型的地址是确定的且不用编译器分配。它可以是 SFR 中确定的可进行位寻址的位，也可以是内部 RAM 的 20H～2FH 单位中确定的位。例如，我们先前定义了 sfr P1＝0x90，即表示寄存器 P1 的地址是 0x90 地址，又因为寄存器 P1 是可位寻址的，所以：

```
sbit LED = P1^1;                //声明 LED 为 P1 口的 P1.1 引脚
```

同样，可以用 P1.1 引脚的地址去写，例如，

```
sbit LED = 0x91;                //同样声明 LED 为 P1 口的 P1.1 引脚
```

这样在后续的程序语句中就可以用 LED 来对 P1.1 引脚进行读写操作。

4.3.2 REG51.H 头文件

REG51.H 头文件是 51 单片机 C 语言编程时经常包含的头文件，在该文件中预先定义好了很多基本的数据。REG51.H 头文件的内容如下。

```
/* ---------------------------------------------------------------
REG51.H
Header file for generic 80C51 and 80C31 microcontroller.
Copyright (c)1988 - 2002 Keil Elekronik GmbH and Keil Software, Inc.
All rights reserved.
--------------------------------------------------------------- */

#ifndef_REG51_H_
#define_REG51_H_

/* BYTE Register */

sfr P0 = 0X80;                    //P0
sfr P1 = 0x90;                    //P1
sfr P2 = 0xA0;                    //P2
sfr P3 = 0xB0;                    //P3
sfr PSW = 0xD0;                   //程序状态寄存器
sfr ACC = 0xE0;                   //累加器 ACC
sfr B = 0xF0;                     //寄存器 B
sfr SP = 0x81;                    //堆栈指针寄存器
sfr DPL = 0x82;                   //16 位数据指针寄存器的低 8 位
sfr DPH = 0x83;                   //16 位数据指针寄存器的高 8 位
sfr PCON = 0x87;                  //寄存器 PCON
sfr TCON = 0x88;                  //寄存器 TCON
sfr TMOD = 0x89;                  //寄存器 TMOD
sfr TL0 = 0x8A;                   //Timer0 计数器的低 8 位
sfr TL1 = 0x8B;                   //Timer1 计数器的低 8 位
sfr TH0 = 0x8C;                   //Timer0 计数器的高 8 位
sfr TH1 = 0x8D;                   //Timer1 计数器的高 8 位
sfr IE = 0xA8;                    //寄存器 IE
sfr IP = 0xB8;                    //寄存器 IP
sfr SCON = 0x98;                  //寄存器 SCON
sfr SBUF = 0x99;                  //寄存器 SBUF

/*    BIT Register                  */
/*    PSW                           */
sbit CY = 0xD7;                   //进位位
sbit AC = 0xD6;                   //辅助进位位
sbit F0 = 0xD5;                   //用户进位位
sbit RS1 = 0xD4;                  //寄存器组选择位 1
sbit RS0 = 0xD3;                  //寄存器组选择位 0
sbit OV = 0xD2;                   //溢出位
sbit P = 0xD0;                    //校验位

/*    TCON                          */
sbit TF1 = 0x8F;                  //Timer1 的溢出位
sbit TR1 = 0x8E;                  //Timer1 的运行位
sbit TF0 = 0x8D;                  //Timer0 的溢出位
sbit TR0 = 0x8C;                  //Timer0 的运行位
sbit IE1 = 0x8B;                  //INT1 的中断标志
```

```
sbit IT1 = 0x8A;                  //INT1 的触发信号种类
sbit IE0 = 0x89;                  //INT0 的中断标志
sbit IT0 = 0x88;                  //INT0 的触发信号种类

/*     IE                           */
sbit EA = 0xAF;                   //中断总开关
sbit ES = 0xAC;                   //串行的中断开关
sbit ET1 = 0xAB;                  //Timer1 的中断开关
sbit EX1 = 0xAA;                  //INT1 的中断开关
sbit ET0 = 0xA9;                  //Timer0 的中断开关
sbit EX0 = 0xA8;                  //INT0 的中断开关

/*     IP                           */
sbit PS = 0xBC;                   //串行中断高优先级设置位
sbit PT1 = 0xBB;                  //Timer1 中断高优先级设置位
sbit PX1 = 0xBA;                  //INT1 中断高优先级设置位
sbit PT0 = 0xB9;                  //Timer0 中断高优先级设置位
sbit PX0 = 0xB8;                  //INT0 中断高优先级设置位

/*     P3                           */
sbit RD = 0xB7;                   //RD 引脚
sbit WR = 0xB6;                   //WR 引脚
sbit T1 = 0xB5;                   //T1 引脚
sbit T0 = 0xB4;                   //T0 引脚
sbit INT1 = 0xB3;                 //INT1 引脚
sbit INT0 = 0xB2;                 //INT0 引脚
sbit TXD = 0xB1;                  //TXD 引脚
sbit RXD = 0xB0;                  //RXD 引脚

/*     SCON                         */
sbit SM0 = 0x9F;                  //串口方式设置位 0
sbit SM1 = 0x9E;                  //串口方式设置位 1
sbit SM2 = 0x9E;                  //串口方式设置位 2
sbit REN = 0x9C;                  //接收使能控制位
sbit TB8 = 0x9B;                  //发送的第 8 位
sbit RB8 = 0x9A;                  //接收的第 8 位
sbit TI = 0x99;                   //发送中断标志位
sbit RI = 0x98;                   //接收中断标志位
#endif
```

如果使用 Keil C 作为 C51 程序的开发环境，则该文件默认安装在“C:\Keil\C51\INC”路径中。

4.4 变量和 C51 存储区域

在程序运行中，其值可以改变的量称为“变量”。每个变量都有一个标识符作变量名。在使用一个变量前，必须先对该变量进行定义，指出它的数值类型和存储模式，以便编译系统为它分配相应的存储单元。

变量与符号常量的区别——变量的值在程序运行过程中可以发生变化；而符号常量不等同于变量，它的值在整个作用域范围内不能改变，也不能被再次赋值。

4.4.1 变量的定义

在C语言中，要求对所有的变量“先定义，后使用”。格式如下。

[存储种类] 数据类型 [存储器类型] 变量名表

其中，存储种类和存储器类型是可选项。存储种类有自动(auto)、外部(extern)、静态(static)和寄存器(register)4种，系统默认为自动(auto)类型。

4.4.2 存储器类型

51单片机的存储类型较多，有片内程序存储器、片外程序存储器、片内数据存储器和片外数据存储器。其中，片内数据存储器又分为低128B和高128B，高128B只能用间接寻址方式来使用，低128B的数据存储器中又有位寻址区、工作寄存器区，这与其他CPU、MCU等有很大区别。

为充分支持51单片机的特性，C51中引入了一些关键字，用来说明数据存储位置。表4-2为Keil C51编译器所能识别的存储器类型。

表4-2 Keil C51编译器所能识别的存储器类型

存储器类型	说　明
code	程序存储器(64KB)，用“MOVC @A+DPTR”访问
data	直接访问片内数据存储器(128B)，访问速度最快
idata	间接访问片内数据存储器(256B)，允许访问全部内部地址
bdata	可位寻址片内数据存储器(16B)，允许位与字节混合访问
pdata	分页访问片外数据存储器(256B)，用“MOVX @Ri”访问
xdata	外部数据存储器(64KB)，用“MOVX @DPTR”访问

1. 程序存储器

程序存储器只能读，不能写，汇编语言中可以用MOVC指令来读取程序存储器中的数据。程序存储器除了存放代码外，往往还用于存放固定的表格、字型码等不需要在程序中进行修改的数据。程序存储器的容量最大为64KB。

在C51中，使用关键字code来说明存储在程序存储器中的数据。

例如，“code int x=100;”变量x的值100将被存储于程序存储器中。这个值不能被改变。

2. 内部数据存储器

内部数据存储器既可以读出，也可以写入。对于51系统而言，共用128B的内部数据存储器，而对于52系统而言，共用256B的内部数据存储器。

在低地址128B存储器中，0x20～0x2F的存储器是可以位寻址的。在52系统中，从0x80～0xFF的高128B RAM只能采用间接寻址方式进行访问，以便与同一地址范围的SFR区分开(SFR只能用直接寻址的方式访问)。

C51 引入了 3 个新的关键字：data、idata 和 bdata，用来表达内部数据存储器的 3 个不同部分，data 用于存取前 128B 的内部数据存储器；idata 使用全部的 26B；bdata 定义与位操作有关的变量。

3. 外部数据存储器

51 单片机可以扩展外部数据存储器，尤其是使用总线以后，外部 I/O 口和外部数据存储器也是统一编址，采用同一指令进行读/写。

外部数据存储器既可读也可写，读/写外部数据存储器的数据要比使用内部数据存储器慢，但外部数据存储器可达 64KB。

汇编语言中使用 MOVX 指令来对外部存储器中的数据进行读/写，C51 提供了两个关键字 pdata 和 xdata，可用于对外部数据存储器进行读/写操作。

(1) pdata 用于只有一页(256B)的情况。这相当于汇编指令中的下列指令。

```
MOV R1, #0x10
MOVX A,@R1
```

C51 通过关键字 pdata 定义使用外部 pdata RAM 的变量。例如，

```
unsigned char pdata c1;            //定义一个变量 c1,它被放在外部 pdata 中
```

(2) xdata 可用于外部数据存储器最多可达 64KB 的情况，这相当于汇编指令中的下列指令：

```
MOV DPTR, #1000H
MOVX A,@ DPTR
```

例如，

```
unsigned int xdata c2;             //定义一个变量 c2,它被放在外部 xdata 中
```

4. 定义时省略存储类型标志符

如果在变量定义时略去了存储类型的标识符，则编译器会自动选择默认的存储类型。

设一个变量定义“char c;”，c 被存放在何处与工程设置中 Target 选项卡的 Memory Model 设置有关。如果将 Memory Model 设置为 Small 模式，则变量 c 会被定位在 data 存储区中；若设置为 Compact 模式，则 c 被定位在 pdata 存储区中；若设置为 LARGE 存储模式，则 c 被定位在外部数据存储区中。

4.4.3 存储器模式

定义变量时如果省略存储器类型，Keil C51 编译系统会按编译模式 Small、Compact 或 Large 所规定的默认存储器类型去指定变量的存储区域。

1. Small 存储模式

该模式把所有函数变量和局部数据段存放在 51 单片机系统的内部数据存储区，因此对这种变量的访问数据最快。Small 存储模式的地址空间受限，在编写小型应用程序时，变量和数据放在 data 内部数据存储器中是很好的；但在较大的应用程序中，data 区最好只存放小的变量、数据或常用变量(如循环计数、数据索引)，大的数据放置在其他区域。

2. Compact 存储模式

该模式把变量定义在外部数据存储器中，所有默认变量均位于外部 RAM 区的一页（与显式使用关键字 pdata 进行定义，效果相同），外部数据存储器可最多有 256B（一页）。其优点是空间较 Small 宽裕。速度较 Small 慢，比 Large 快，是一种中间状态。如果在这种编译模式下要使用多于 256B 的变量，那么变量的高 8 位地址（也就是具体哪一页）由 P2 口确定，须适当改变启动程序 STARTUP. A51 中的参数 PDATA START 和 PDATA LEN，用 L51 进行连接时不仅能采用连接控制命令 PDATA 来对 P2 口地址进行定位，也可用 pdata 指定。

3. Large 存储模式

该模式所有函数和过程的变量以及局部数据段都被定位在外部数据存储器中，外部数据存储器最多达 64KB，需要用 DPTR 数据指针来间接访问数据。这种访问方式效率不高，尤其是对于两个或多个字节的变量，用这种方式访问数据，程序的代码可能很多。

4. 注意设定数组的存储空间

设定一个数组时，C 编译器就会在存储空间开辟一个区域用于存放该数组的内容。字符数组的每个元素占用 1B 的内存空间，整型数组的每个元素占用 2B 的内存空间，而长整型（long）和浮点型（float）数组的每个元素则需要占用 4B 的存储空间。

嵌入式控制器的存储空间有限，要特别注意不要随意定义大容量的数组。在 Target 选项卡中将 Memory Model 设定为 Small 时编译不能通过。例如，若定义了一个浮点型的 10×10 的二维数组，则它需要占用 400B 的 RAM，采用 Small 模式时 8051 单片机的内部 RAM 只有 128B。

4.4.4 变量的分类

1. 全局变量和局部变量

（1）全局变量是在任何函数之外说明的、可被任意模块使用的、在整个程序执行期间都有效的变量。

（2）局部变量是在函数内部进行说明，只在本函数或功能块内有效，在该函数或功能块以外则不能使用。

局部变量可以与全局变量取相同的名字，此时，局部变量的优先级高于全局变量，即同名的全局变量在局部变量使用的函数内部将被暂时屏蔽。

2. 静态存储变量和动态存储变量

从变量的生存时间来区分，变量分为两种：静态存储变量和动态存储变量。

（1）静态存储变量是指该变量在程序运行期间其存储的空间固定不变。

（2）动态存储变量则指该变量的存储空间不是固定的，而是在程序运行期间根据需要动态地为其分配存储空间。

通常，全局变量为静态存储变量，局部变量为动态存储变量。当程序退出时，局部变量占用的空间释放。

使用 Keil C 编写程序时，无论是 char 型还是 int 型，要尽可能采用 unsigned 型的数据。因为在处理有符号数据时，程序要对符号进行判断和处理，运算速度会减慢；而且对单片机而言，速度比不上 PC，又工作于实时状态，所以任何提高效率的方法都要考虑。

4.5 C51 绝对地址的访问

在一些情况下，可能希望把一些变量定位在51单片机的某个固定的地址空间上。C51为这些变量专门提供了一个关键字 at。at 的使用格式如下。

```
[memory_space] type variable_name _at_ constant;
```

格式中各参数的含义如下：

- memory_space——变量的存储空间。如果没有这一项，那么会使用默认的存储空间。
- type——变量类型。
- variable_name——变量名。
- _at_——关键字。
- constant——常量。该常量的值为变量定位的地址值。这个值必须在设置的物理地址范围之内，否则 C51 编译器会报错。

```
char xdata text[256] _at_ 0xE000;   //数组在 xdata 型存储区的 0xE000 地址处
```

例如，

```
void main(void){
i = 0x1234;
text[0] = 'a'; }
```

注意：绝对地址的变量是不可以被初始化的。函数或者类型为 bit 的变量是不可以被定义为绝对地址的。

关键字_at_的另一个功能是：能通过给 I/O 元器件指定变量名，从而为输入/输出元器件指定变量名。例如，在 xdata 段的地址 0x4500 处有一个输入寄存器，那么可以通过下面的代码段为它指定变量名。

```
unsigned char xdata inputreg _at_ 0x4500;
```

以后再读该寄存器时只要使用变量名 inputreg 即可。

4.6 指针

指针是C语言中的一个重要概念，也是C语言的一个重要角色。正确灵活地运用指针，可以有效地表示复杂数据结构，方便地使用字符串，有效地使用数组，调用函数时得到多个返回值，还能直接与内存打交道，这对于嵌入式编程尤其重要。掌握指针的应用，可以使程序简洁、紧凑、高效。

指针的概念比较抽象，使用也比较灵活。本节主要针对嵌入式51单片机编程介绍指针的一些基本用法，不涉及 PC 编程中用到的多层指针等更为抽象的概念。

4.6.1 指针的概念、定义和引用

1. 指针的概念

在使用汇编语言进行编程时,必须自行定义每一个变量的存放位置。例如,

```
Tmp EQU 5FH                          //将 5FH 这个地址分配给变量 Tmp
```

C 语言编程中,定义为"unsigned char Tmp;",但不能看出 Tmp 存放的位置。Tmp 存放的位置是由 C 编译程序决定的。它不是一个定值,即便是同一个程序,一旦进行修改,增加或减少若干个变量,重新编译后 Tmp 的存放位置也会随之变化。

获得 Tmp 变量所在位置的方法:把变量的地址放到另一个变量中,然后通过对这个特殊的变量进行操作。

这个用来存放其他变量地址的变量称为"指针变量"。例如定义一个变量 p,并且 p 中存储的数据就是 Tmp 所在的地址值(0x5F),则 p 就是一个指向 Tmp 的"指针变量"。

2. 指针变量的定义

1) 定义

定义指针变量的一般形式如下。

```
基本类型 *指针变量名;
```

例如,

```
char *cp1, *cp2;                     /*定义两个字符型的指针变量 cp1 和 cp2 */
int *P1, *P2;                        /*定义了两个整型指针变量 P1 和 P2 */
```

char 和 int 是在定义指针变量时指定的"基本类型",P1、P2 可以指向整型数据,但不能指向 float 或者 char 等其他类型的数据。

2) 注意事项

定义指针变量时需注意以下两点。

(1) 指针变量前的"*"表示该变量为指针变量。

(2) 定义指针变量时必须指定基本类型。不同类型的数据在内存中占用的字节数是不一样的。对于 C51 而言,char 或 unsigned char 型变量在内存中占用 1B; int 或 unsigned int 型变量在内存中占用 2B; long 或 unsigned long 和 float 型变量,在内存中占用 4B。

在指针的操作中,常用的一种操作是指针变量自增。如 p++,其含义是将指针指向这个数据的下一个数据,如果一个数据占用 1B,那么每次指针自增时,只要将地址值增加 1 即可;而如果一个数据占用 2B,每次指针自增加时,就必须将该值增加 2,这才能指向下一个变量。

3. 指针变量的引用

C 语言提供了两个运算符,用来获得变量地址,或使用指针所指变量的值。

(1) *&:取地址运算符。

(2) *:指针运算符(或称"间接访问"运算符)。

例如,&a 为变量 a 的地址,*Point 为指针变量 Point 所指向的变量。

4.6.2 C51的指针类型

C51支持“通用”和“存储器专用”两种指针类型。

1. 通用指针

1）通用指针结构

通用指针需占用3B，其中存储器类型占1B，偏移量占2B，如表4-3所示。存储器类型决定对象所用的C51存储空间，偏移量指向实际地址。通用指针可以被用来指示51单片机存储器中的任何类型的变量，所以在C51库函数中通常使用这类指针类型。

表4-3 通用指针的构成

地　址	+0	+1	+2
内　容	存储器类型	偏移量高位	偏移量低位

其中，第1个字节表示指针的存储器类型编码，如表4-4所示。

表4-4 一般指针存储器类型的编码

存储器类型	idata	xdata	pdata	data	code
值	1	2	3	4	5

例如，一个通用指针指向地址为0×1234的xdata类型数据时，其指针值如表4-5所示。

表4-5 指向xdata型数据的一般指针的值

地　址	+0	+1	+2
内　容	0x02	0x12	0x34

2）通用指针的定义

通用指针的定义与一般的C语言的指针定义相同，例如，

```
char * s;                           // 指向字符型的指针 s
int * numptr;                       //指向 int 型的指针 numptr
long * state;                       //指向 long 型的指针 state
```

例如，将一个数值0x12写入地址为0x8000的外部数据存储器，程序代码如下：

```
#define XBYTE ((char * )0x20000L)
XBYTE[0x8000] = 0x12;
```

其中，0x20000L是一个通用指针，将其分为3B：0x02\0x00\0x00。查表可以看到0x02表示存储器类型xdata型，而地址是0x0000。

XBYTE被定义为(char *)0x20000L，即XBYTE为指向xdata零地址的指针。XBYTE[0x8000]则是外部数据存储器的0x8000绝对地址。

3）应用

下面的代码显示了使用通用指针的变量在51单片机中是如何实现的，请注意指针各字节的作用。

```
char * c_ptr;                       //char 型指针
int * i_ptr;                        //int 型指针
long * l_ptr;                       //long 型指针
main()
{
    char data dj;                   //data 区变量
    int data dk;
    long data dl;

    char xdata xj;                  //xdata 区变量
    int xdata xk;
    long xdata xl;

    char code cj = 9;               //code 区变量
    int code ck = 357;
    long code cl = 123456789;

    c_ptr = &dj;                    //data 区指针
    i_ptr = &dk;
    l_ptr = &dl;

    c_ptr = &xj;                    //xdata 区指针
    i_ptr = &xk;
    l_ptr = &xl;

    c_ptr = &cj;                    //code 区指针
    i_ptr = &ck;
    l_ptr = &cl;
```

在上面的代码中，通用指针 c_ptr、i_ptr 和 l_ptr 都被存放在单片机的内部数据存储区中。如果有需要，可以使用关键字对指针的存储位置进行声明，其格式如下。

```
基本类型 * 存储类型 指针变量名;
```

例如，

```
char * xdata strptr;                //存储在 xdata 的字符串指针
int * data numptr;                  //存储在 data 的 int 型指针
long * idata varptr;                //存储在 idata 的 long 型指针
```

2. 存储器专用指针

存储器专用指针的定义一般包含了数据类型和存储器类型的说明，其格式如下。

```
基本类型 存储器类型 * 指针变量名;
```

例如，

```
char data * px;                     //指向 data 的字符串型指针 px
int xdata * numtab;                 //指向 xdata 的 int 型指针 numtab
long code * powtab;                 //指向 code 的 long 型指针 powtab
```

存储器专用指针只需要 1B(当数据类型为 idata、data、pdata 时)或者 2B(当数据类型为

code、xdata 时）。因为专用指针比通用指针的字节少，所以在程序执行时会快一点。由于专用指针的一些特性在编译时由编译器来处理，所以优化选项有时会对编译结果产生一些影响。

与通用指针相同，也可以为专用指针指定存储空间，例如，

```
char data * xdata str;           //str 在 xdata 中，指向 data 的 char 类型
int xdata * data pdx;            //pdx 在 data 中，指向 xdata 的 int 类型
long code * idata powtab;        //powtab 在 idata 中，指向 code 的 long 类型
```

3. Keil 预定义指针

Keil 软件预定义了一些指针，用来对存储器指定地址进行访问，其完整定义在 absacc.h 中，读者可自行查看。部分定义如下：

```
#define CBYTE ((unsigned char volatile code * )0)
#define DBYTE ((unsigned char volatile data * )0)
#define PBYTE ((unsigned char volatile pdata * )0)
#define XBYTE ((unsigned char volatile xdata * )0)
```

借助于这些指针可以对指定的地址进行直接访问。

4.7 C51 函数

一个较大的程序一般应由若干程序模块组成，每一个模块用来实现一个特定的功能。所有的高级语言都有子程序，正是通过这些子程序实现模块的功能。在 C 语言中，子程序的作用是由函数来完成的。

4.7.1 C51 函数及其定义

1. 函数及其分类

1）函数

在程序设计中，通常将一些常用的功能模块编写成函数，并可放在函数库中以供选用，这样可以减少重复程序段的工作量。

一个完整的 C 程序可由一个主函数和若干个函数组成，由主函数调用其他函数，其他函数也可以相互调用。同一个函数可以被一个或多个函数多次调用。C 语言中的主函数为 main()。对于函数有如下说明：

(1) 一个源程序文件由一个或多个函数组成。

(2) 一个 C 程序由一个或多个源程序文件组成。对于较大的程序，通常不希望把所有源程序全部放在一个文件中，而是将函数和其他内容分别放入若干个文件中，再由这些文件组合成一个完整的 C 程序。这样可以分别编写、编译，而且一个源文件也可供多个程序使用，从而提高效率。

(3) C 程序的执行从 main()函数开始。

(4) 所有函数都是平行的，即在定义函数时是相互独立的，一个函数并不从属于另一个函数，即函数不能嵌套定义。函数间可以相互调用，但不能调用 main()函数。

2）函数的分类

(1) 从形式上看,函数可以分为以下两种。

- 无参函数。即主函数不向被调用函数传递参数,这类函数只是完成一定的操作功能。无参函数可以有返回值,但大多数的无参函数通常没有返回值。
- 有参函数。在调用函数时,主函数将一些数据传递给被调用函数,通常被调用函数会对这些数据进行处理,然后进行不同的操作,最后可能有返回值。

(2) 从用户使用的角度上看,函数可以分为以下两种。

- 标准函数,即库函数。这是由编译系统(如 Keil 软件)提供的,用户不必自己编写这些函数。如 sin 函数提供正弦函数计算功能。
- 用户函数。这是用户根据自己的需要编写的特定功能的函数。

2. 函数的定义

1）定义

C51 函数的定义与 ANSI-C 中基本相同,唯一不同的是函数的后面可能带若干 C51 专用的关键字。

C51 函数的定义格式如下,其中方括号内是可选项。

```
[return _ type] funcname([args ])[ {small | compact | large } ] [reentrant] [interrupt n][using n]
{
  声明部分
  语句
}
```

各参数说明如下：

- return_type——返回值类型(数据类型标识符)。
- funcname——函数名。
- args——形式参数。
- {small | compact | large}——函数模式选择,在没有显示选择函数模式的情况下,使用默认的模式来编译。
- reentrant——再入函数。
- interrupt n——中断函数。
- using n——寄存器组选择,CPU 可以通过切换到一个不同的寄存器组来执行程序而不需要对若干寄存器进行保存。

声明部分：声明部分定义要使用的变量,此外还对将要调用的函数做声明。

例如,

```
int max(int x,int y)
{  int z:
   z = x > y?x: y;
   Return(z);
}
```

这是一个求 x 和 y 两者中哪个数值较大的函数。函数名 max 前面的 int 表示函数的返回值是一个整型数。括号中有两个形式参数 x 和 y,它们都是整型的。花括号中是函数体,它包括声明部分和语句部分。在声明部分定义要使用的变量 z。return(z)的作用是将 z 的值作为返回值带回主调函数中。函数被定义为 int 型的，z 也是 int 型，两者是一致的。

再如，

```
long factorial(int n) reentrant
void time0_int(void) interrupt 1 using 1
```

2）空函数

C 语言允许有空函数，空函数的定义形式为：

```
类型标识符函数名()
{ }
```

调用空函数表示什么工作也不做。

例如，

```
void dummy()
{ }
```

在程序设计中往往根据需要确定若干个模块，分别由一些函数实现，而在第一阶段只设计最基本的模块，即先把架子搭起来，细节留待进一步的完善。以这样的方式编写程序时，可以在将来准备扩充功能的地方定义一个空函数，表示这些函数未编写好，只是先占一个位置，以后用一个编写好的函数替代它。这样做可使程序的结构清楚，可读性好，以便以后扩充新功能，对程序结构影响不大。

4.7.2 C51 的中断服务函数

中断是指当计算机执行正常程序时，由于系统中出现某些紧急处理的情况或特殊请求时，计算机打断当前正在运行的程序，转而对这些紧急情况进行处理。处理完毕后，再返回继续执行被打断的程序。

51 系列单片机的中断共分 2 个优先级，5 个中断源：外部中断请求 0，由 $\overline{\text{INT0}}$ 输入；外部中断请求 1，由 $\overline{\text{INT1}}$ 输入；定时器/计数器 0 溢出中断请求；定时/计数器 1 溢出中断请求；串口发送/接收中断请求。每个中断源的优先级都是可以编程的。

对于 52 系列单片机来说，除了以上 5 个中断外，还增加了一个定时/计数器 2 溢出中断请求。

1. 中断服务函数程序的定义

Keil C51支持在 C 语言源程序中直接编写 51 单片机的中断服务程序，为此 Keil C51 对函数的定义进行了扩展，增加了一个扩展关键字 interrupt。其定义形式为：

```
类型标识符 函数名(形式参数)[interrupt m] [using n]
```

（1）函数名可以是任意合法的字母或数字组合。

（2）m：关键字 interrupt 后面的中断号取值范围是 0～4 或 0～5。Keil C51 编译器从 8m+3 处产生中断向量，即当响应中断申请时，程序会根据中断号自动转入地址为 8m+3 的位置，执行相对应的中断服务子程序。51 单片机的中断号、中断源和中断入口地址如表 4-6 所示。

表 4-6 51 单片机的中断号、中断源和中断入口地址

m	中 断 源	中断入口地址 8m+3
0	外部中断 0	0003H
1	定时/计数器 0 溢出	000BH
2	外部中断 1	0013H
3	定时/计数器 1 溢出	001BH
4	串口中断	0023H
5	定时/计数器 2 溢出	002BH

表 4-6 中第 5 号中断定时/计数器 2 溢出仅对 52 系统具有 3 个定时/计数器的单片机有效。

中断服务函数可以被放置在程序的任意位置。因为 Keil C51 在最后进行代码连接时会自动将服务函数定位到中断入口处,实现中断服务响应。

由于各个中断入口地址相距较近,Keil C 编译时会自动在对应的中断入口地址单元中安排一条转移类指令,以便转入到中断服务程序。此外,51 编译器在对中断函数进行编译时,也会根据需要自动将 PC 寄存器压入堆栈,在中断服务程序的最后自动安排一条 RETI 指令,以便将响应中断时所置位的优先级状态触发器清 0,然后从堆栈弹出程序计数器 PC,从原来打断处继续执行被中断的程序。

(3) n：51 系列单片机可以在内部 RAM 中使用 4 个不同的工作寄存器组,称为 0～3 组。每个寄存器组都包含 8 个工作寄存器(R0～R7)。可以通过关键字 using 来选择不同的工作寄存器组。using 后面的 n 取值为 0～3 的整数,代表 4 个不同的工作寄存器组。

注意：m 和 n 必须是整数,不能是表达式。

在单片机响应中断进入中断服务函数时,特殊功能寄存器 ACC、B、DPH、DPL、PSW 都将被压入堆栈。如果不使用寄存器组切换,则中断函数中所用到的全部工作寄存器也都会入栈。函数返回前,所有的寄存器内容再依次出栈。但如果在中断函数定义时用 using 指定了工作寄存器组,那么发生中断时,平时默认的工作寄存器组就不会被压栈,也就是说,系统直接切换寄存器组而不必进行大量的 PUSH 和 POP 操作,这将节省 32 个处理周期,因为每个寄存器入栈和出栈都需要两个处理周期。由此可以节省 RAM 空间,加速 MCU 执行时间。但这样也有缺点,就是所有调用中断的过程都必须使用指定的同一个寄存器组,否则参数传递会发生错误。因为对于 using 的使用应根据情况灵活取舍。

2. 规定

编制中断函数时应遵循以下规定：

(1) 中断函数不能进行参数传递。

(2) 中断函数没有返回值。

(3) 中断服务函数不能被其他函数调用,只能由硬件产生中断后自动调用。

如果在中断函数中调用其他函数,则必须保证被调用函数所使用的寄存器组与中断函数一样,否则会产生不正确的结果。另外,由于中断的产生不可预测,中断函数对其他函数的调用有可能会形成递归调用,为了避免产生递归调用,尽量不要在中断服务函数内使用函数调用。如果确实需要调用其他函数,应保证此函数为中断服务独自专用,或者用扩展关键字 reentrant 将被中断函数调用的其他函数定义为再入函数。

(4) 如果中断函数中用到浮点运算,必须保存浮点寄存器的状态,当没有其他程序执行浮点运算时可以不保存。在 Keil C 编译器的数学函数库 math. h 中,专门提供了保存浮点

寄存器状态的库函数 fpsave 和恢复浮点寄存器状态的库函数 fprestore，可供用到浮点运算的中断函数使用。

（5）在中断函数程序执行过程中，对其他可能在此产生的中断并不响应，因而为了系统能够及时地响应各种中断，提高实时性能，中断函数的执行时间不宜过长，因此中断函数应尽量简洁。

4.7.3 C51 库函数

库函数并不是 C 语言的一部分，它是由编译软件开发公司根据需要编制并提供给用户使用的。本节只介绍了 C51 提供的库函数的一小部分，其余库函数请查阅相应的手册。

1. C51 库函数的测试方法

不同类型的函数运行时要采用不同的方法观察其测试结果。

（1）如果在测试函数中用到了 print()函数，那么首先要用#include <stdio.h>将头文件 stdio.h 包含到源程序中，其次要在 main()函数中设置串口，利用 Keil 软件的串行窗口进行输出，以便于观察。而要设置串口，又必须用#include <reg51.h>或#include <reg52.h>将头文件 reg51.h 或 reg52.h 加入源程序中，否则无法通过编译。

（2）使用 get()、getchar()之类的输入函数时，采用与上述相同的方法处理，可以在串行窗口中输入所需要的字符，这些字符可以被有关函数接受。

（3）如果测试函数有 printf()之类的输出函数，那么可以直接观察输出以确定结果，也可以观察变量窗口以确定函数的工作是否正常。

（4）部分函数测试时定义了大容量的数组，因此在设置工程时，必须将 Memory Model 由默认的 Small 模式改为 Large 模式，否则无法通过编译和链接。

2. 绝对地址访问 absacc.h

使用这一类函数时，应该把 absacc.h 头文件包含到源程序文件中。

1）CBYTE、DBYTE、PBYTE、XBYTE 函数

原型：

```
#define CBYTE(unsigned char volatile code * )0)
#define DBYTE(funsigned char volatile idata * )0)
#define PBYTE(unsigned char volatile pdata * )0)
#define XBYTE(funsigned char volatile xdata * )0)
```

描述：上述宏定义用来对 8051 系列单片机的存储器空间进行绝对地址访问，可以作为字节寻址。CBYTE 寻址 CODE，DBYTE 寻址 DATA 区，PBYTE 寻址分页 PDATA 区，XBYTE 寻址 XDATA 区。

例如，若访问外部数据存储器区域的 0x1000 处的内容，则可以使用如下指令：

```
val = XBYTE[0x1000];
```

2）CWORD、DWORD、PWORD、XWORD 函数

原型：

```
#define CWORD (unsigned int char volatile code * )0)
#define DWORD (unsigned int char volatile idata * )0)
#define PWORD (unsigned int char volatile pdata * )0)
#define XWORD (unsigned int char volatile xdata * )0)
```

描述：这个宏与前面的一些宏类似，只不过数据类型为 unsigned int 型。

4.8 C51 程序设计实例——实现单片机控制流水灯

1. 硬件电路设计

硬件电路如图 4-2 所示。P1 口的 8 个引脚经限流电阻分别接了 8 个发光二极管的阴极，这 8 个发光二极管的阳极共同接+5V 电源。规定这 8 个发光二极管的点亮顺序是：先点亮 P1.0 引脚接的发光二极管，随后依次点亮 P1.1～P1.7 引脚所接的发光二极管，然后

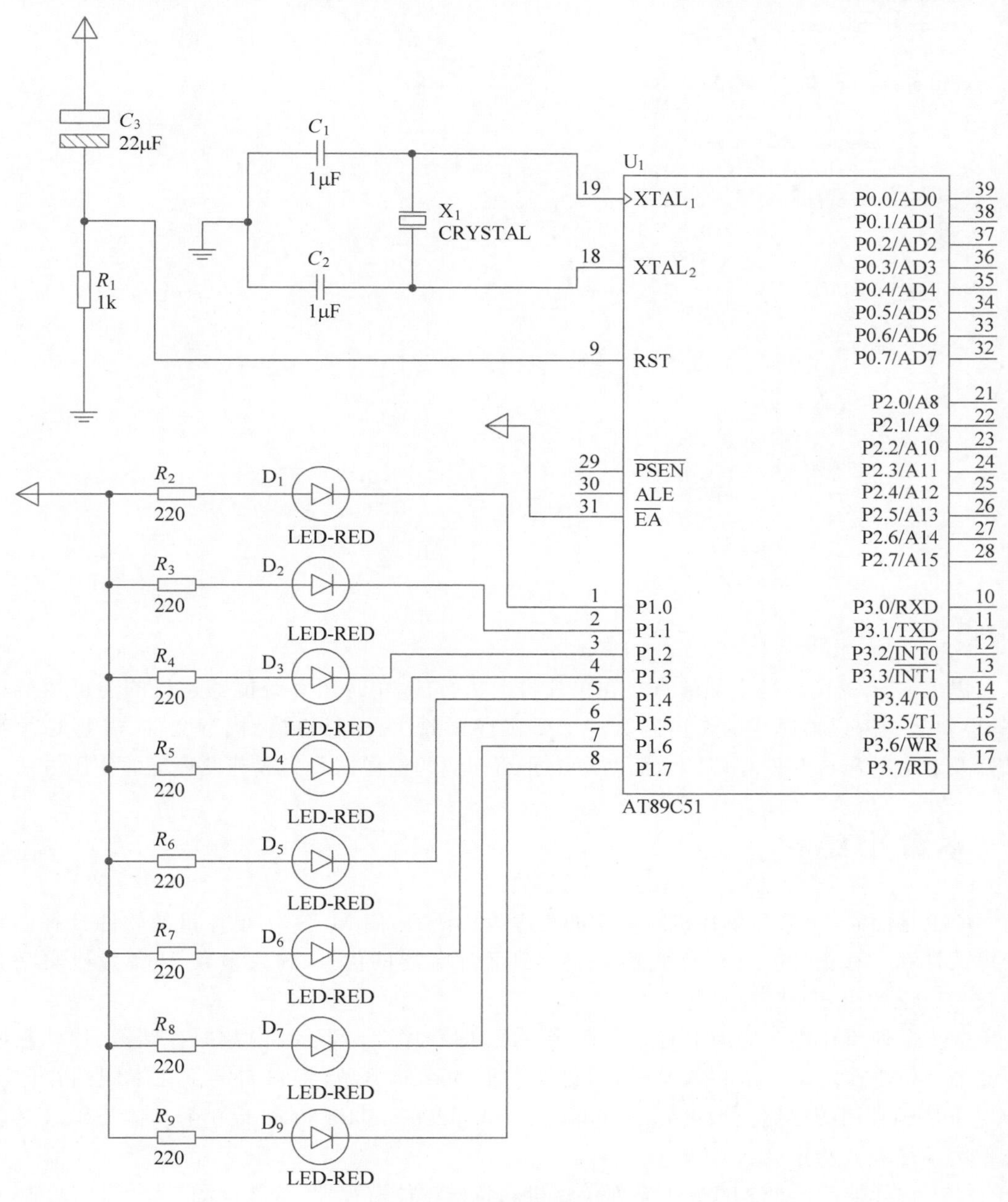

图 4-2 硬件电路

倒序，先从 P1.7 所接的发光二极管，依次过渡到 P1.0 所接的发光二极管进行点亮，然后依次循环。由于 8 个发光二极管共阳，所以点亮哪个发光二极管只需要所对应阴极向对应的 P1 口引脚输送低电平即可。

2. 程序设计

实现该功能的 C51 程序清单如下：

```
#include <reg51.H>
unsigned char i;
unsigned char temp;

void delay(void)
{
       unsigned char m,m,s;
       for(m = 20; m > 0; m -- )
          for(n = 20; n > 0; n -- )
              for(s = 248; s > 0; s -- );
}
void main(void)
     {
       while(1)
       {
          temp = 0xfe;
          P1 = temp;
          delay ();
        }
        For(i = 1; i < 8; i++)
        {
             a = temp >> i;
             P1 = a;
             delay();
```

以上 C51 源代码是不能够直接在单片机上执行的，单片机系统能够运行的为可执行程序，也就是经编译器译成的二进制文件。要实现从源代码编译成可执行文件，需要 C51 编译器及对应的集成开发环境。后面两章将介绍相应的编译器及集成开发环境的使用方法。

本章小结

C51 是面向 51 系列单片机所使用的程序设计语言，使 MCS-51 单片机的软件具有良好的可读性和可移植性。具有操作直接、简洁和程序紧凑的优点，为大多数 51 单片机实际应用较为广泛的语言。

C51 系列单片机在物理上有 3 个存储空间，即程序存储器、片内数据存储器、片外数据存储器。C51 在定义变量和常量时，需说明它们的存储类型，将它们定位在不同的存储区中。单片机常用的存储类型有 data、bdata、idata、pdata、xdata 和 coda 6 个具体类别。默认类型由编译模式指定。

C51 编译器已经把 MCS-51 系列单片机的特殊功能寄存器、特殊位和 4 个 I/O 口（P0～P3）进行了声明，放在 reg51.h 或 reg52.h 头文件中。用户在使用之前用一条预处理命令

"#include <reg51.h>"把这个头文件包含到程序中，就可以使用特殊功能寄存器名和特殊位名称了，而对于未定义的位，使用之前必须先定义。

C51 提供了一组宏定义，包括 CBYTE、DBYTE、XBYTE、PBYTE、CWORD、DWORD、XWORD 和 PWORD 来对单片机进行绝对寻址，同时也可以使用_at_关键字对指定的存储器空间的绝对地址进行访问。

C51 支持基于存储器的指针和一般指针两种指针类型。基于存储器的指针可以高效访问对象，且只需 1B 或 2B。而一般指针需占用 3B，其中 1B 为存储器类型，2B 为偏移量，具有兼容性。

C51 语言中断函数的定义中使用了关键字 interrupt、using、中断号、寄存器组号等；并且 C51 也提供了一些常用的库函数，如 I/O 函数库、标准库函数、内部函数库、数学函数库、绝对地址访问函数库等。

思考题与习题

4-1 C51 语言的变量定义包含哪些关键因素？

4-2 C51 与汇编语言的特点各有哪些？怎样实现两者的优势互补？

4-3 定义变量为有符号字符型变量数据类型为________，无符号整型变量数据类型为________。

4-4 定时器 T0 中断号为________。

4-5 关键字 bit 和 sbit 有何区别？

第5章 人机接口设计

CHAPTER 5

常用的单片机应用系统，除CPU和存储器以外，都要用到一些外围设备，以实现人机接口，便于人们操作和掌握单片机的运行。单片机与外设的连接，就是接口问题。这是单片机系统中经常遇到的问题，也是系统设计的一个关键环节。不同的外设有不同的接口方法和电路，涉及的程序也不同。本章由易到难，顺次介绍常用的键盘、显示器、打印机与MCS-51单片机的接口技术，并以实例说明它们的使用方法。

5.1 键盘接口原理

在单片机应用系统中，为了控制系统的工作状态以及向系统输入数据，应用系统应设有按键或键盘。例如，复位用的复位键，功能转换用的功能键以及数据输入用的数字键盘等。

键盘是一组按键的组合，它是单片机最常用的输入设备，单片机中的键盘一般通过按键开关自己设计焊接，当然也可到厂家定制。根据按键开关与单片机接口的连接方式，可以分为独立式键盘和行列式键盘。

5.1.1 键盘类别

1. 独立式键盘

小型单片机系统需要几个按键输入即可，可以直接采用较少的I/O口线直接相连，构成独立式键盘。各键相互独立，每个按键各接一根输入线，通过检测输入线的电平状态很容易判断哪个键被按下。独立式按键电路、软件简单，但每个按键占用一根I/O口线，因此，在按键较多时，I/O口线浪费较大，不宜采用。电路图如图5-1所示。

2. 行列式键盘

由行线和列线组成，按键位于行、列线的交叉点上，在按键数量较多时，行列式键盘较之独立式键盘要节省很多I/O口。

行列式键盘行线通过上拉电阻接到+5V上。当无键按下时，行线处于高电平状态；当有键按下时，行、列线将导通，此时，行线电平将由与此行线相连的列线电平决定，这是识别按键是否按下的关键。

用于按键数目较多的场合，由行线和列线组成，按键位于行、列的交叉点上。图5-2表示了一个4×4行列式键盘。

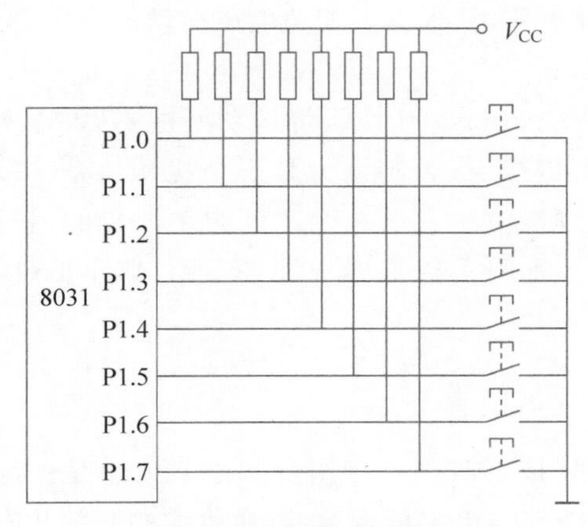

图 5-1 独立式键盘电路图

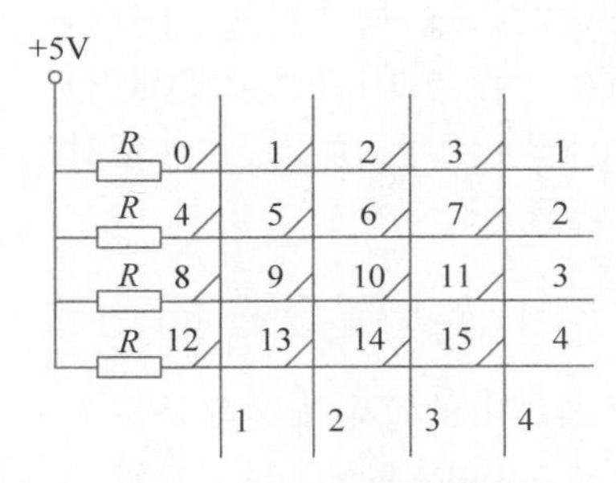

图 5-2 4×4 行列式键盘

1）行列式键盘工作原理

无键按下，该行线为高电平；当有键按下时，行线电平由列线的电平来决定。

由于行、列线为多键共用，各按键彼此将相互发生影响，必须将行、列线信号配合起来并作适当的处理，才能确定闭合键的位置。

2）按键的识别方法

扫描法：识别键盘有无键按下，如有键被按下，识别出具体的按键。首先把所有列线清0，检查各行线电平是否有变化，如有变化，则说明有键按下；如无变化，则无键按下。其次把某一列置低电平其余各列为高电平，检查各行线电平的变化，如果某行线电平为低，则可确定此行列交叉点处的按键被按下。

线反转法：列线输出为全低电平，则行线中电平由高变低的所在行为按键所在行；行线输出为全低电平，则列线中电平由高变低的所在列为按键所在列。结合上述两步，可确定按键所在的行和列。

5.1.2 按键消抖问题

按键是利用机械触点的合、断来实现键的闭合与释放，由于弹性作用，机械触点在闭合及断开瞬间会有抖动的过程，从而使键输入电压的信号也存在抖动现象，如图 5-3 所示。

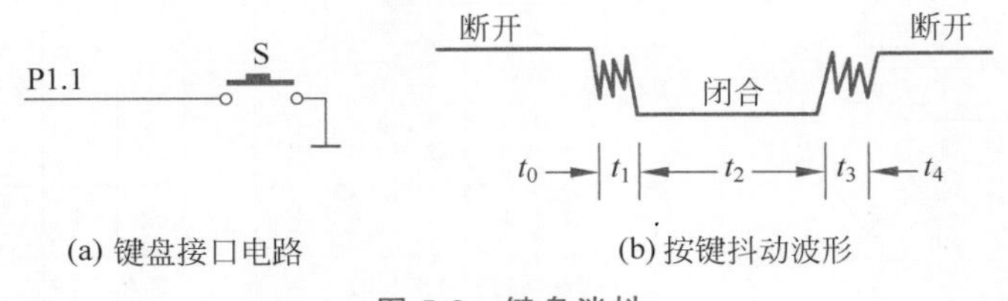

(a) 键盘接口电路 (b) 按键抖动波形

图 5-3 键盘消抖

抖动时间的长短与开关的机械特性有关，一般为 5～10ms，稳定闭合期时间的长短由按键的动作决定，一般为几百毫秒至几秒。为了保证按键按动一次，CPU 对键闭合仅作一次按键处理，必须去除抖动的影响。

去除抖动的方法一般有硬件和软件两种。

硬件方法就是在按键输出通道上添加去抖动电路，从根本上避免电压抖动的产生，去抖动电路可以是双稳态电路或者滤波电路。

软件方法通常是在检测到有键按下时延迟 10～20ms 的时间，待抖动期过去后，再次检测按键的状态，如果仍然为闭合状态，才认为是有键按下，否则认为是一个扰动信号。按键释放的过程与此相同，都要利用延时进行消抖处理。由于人的按键速度与单片机的运行速度相比要慢很多，所以，软件延时的方法简单可行，而且不需要增加硬件电路，成本低，因而被广泛采用。

5.1.3 键盘扫描方式

键盘中的每个按键都是一个常开的开关电路，按下时则处于闭合状态。无论是一组独立式键盘还是一个行列式键盘，都需要通过接口电路与单片机相连，以便将键的开关状态通知单片机。单片机检测键状态的方式有以下几种。

1. 编程扫描方式

利用程序对键盘进行随机扫描，通常在 CPU 空闲时安排扫描键盘的指令。

2. 定时器中断方式

利用定时器进行定时，每间隔一段时间，对键盘扫描一次，CPU 可以定时响应按键的请求。

3. 外部中断方式

当键盘上有键闭合时，向 CPU 请求中断，CPU 响应中断后对键盘进行扫描，以识别按下的按键。

视频讲解

5.1.4 键盘接口电路

将键盘的列线接到单片机的输出端，CPU 依次向各列线发送低电平（称为扫描），键盘的行线接到单片机的输入口，CPU 检测行线的电平。

图 5-4 为采用 8155 接口芯片的键盘接口电路。

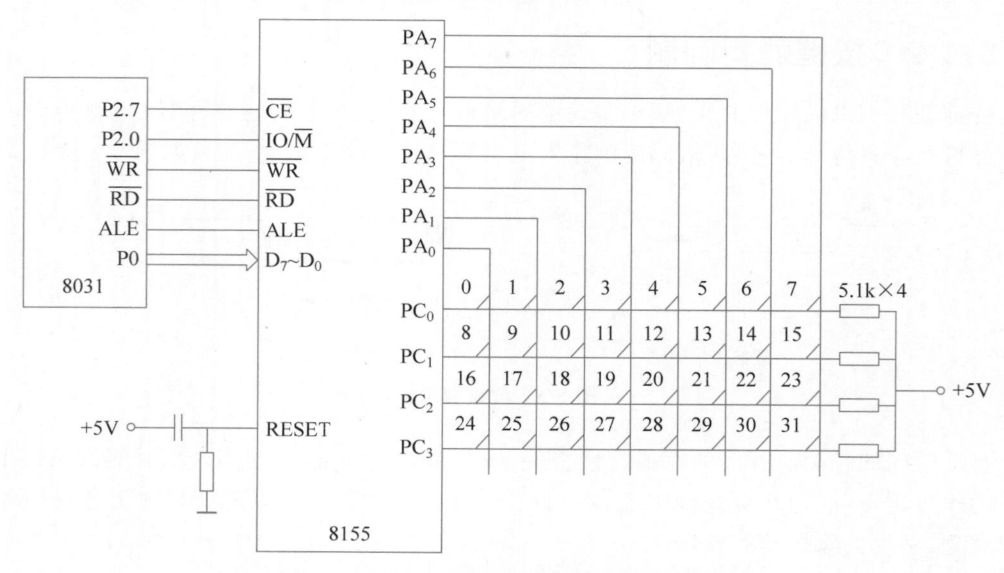

图 5-4 采用 8155 接口芯片的键盘接口电路

5.2 蜂鸣器和继电器

5.2.1 蜂鸣器的原理及应用

蜂鸣器作为一种发声器件，广泛应用于计算机、电话机、定时器、音乐播放器、电铃和报警器等电子产品中。从结构上看，蜂鸣器可以分为压电蜂鸣器和电磁蜂鸣器。压电蜂鸣器内部通常存在一个压电陶瓷晶体，当外部电压施加到压电陶瓷晶体上时，就会产生机械振动，进而产生声音，通常晶体产生的振动会通过蜂鸣器内部的共振腔体放大。电磁蜂鸣器利用通电导体产生磁场，并通过固定磁铁和导体产生的磁力使固定在线圈上的鼓膜振动，进而产生声音。这类蜂鸣器内部包含一个电磁线圈和一个金属振动片，当交变电流通过电磁线圈时，线圈就会产生磁场，引起金属振动片的振动，进而使空气中形成周期性的压缩波动，产生声音。通常单片机应用系统配备的是电磁蜂鸣器。图 5-5 是电磁蜂鸣器的外形图。

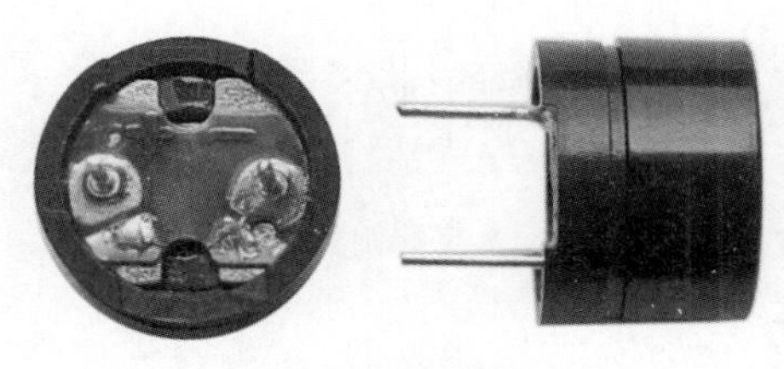

图 5-5 电磁蜂鸣器外形图

不论哪种结构的蜂鸣器，都需要外部电源和适当的电路来驱动控制蜂鸣器。从驱动方式上看，蜂鸣器可以分为有源蜂鸣器和无源蜂鸣器。有源蜂鸣器内部存在振荡电路、放大电路和扬声器。其中，振荡电路由电感、电容、晶体管组成，在外部电源的作用下会不断产生某个频率的信号。放大电路一般由多个晶体管级联组成，每一级都会使输入信号放大。扬声器是由磁体和薄膜组成的电路，当有电流通过时，磁体会产生磁场，并与薄膜上的电流相互作用，进而使薄膜振动，产生声音。有源蜂鸣器的工作原理就是通过输入电流经过其内部的振荡电路，使电路产生频率稳定的交流信号，之后交流信号通过内部的放大电路，直接驱动扬声器，进而产生声音。

由于无源蜂鸣器内部不存在振荡源，因此输入直流电源无法使其工作，它主要由电磁线圈、磁铁和振膜组成。如果给电磁线圈通电，则会对应地产生一个电磁力，而内部磁铁会受到一个力的作用从而与振膜接触，但若输入电流是不变的，该系统很快会达到平衡而无法再与振膜接触，因此输入电流一定要是变化的，这样才能带动振膜振动，产生声音。通常需要用 2～5kHz 的方波信号驱动它，同时，改变输入方波的频率可以得到不同音调的声音。

在单片机中，由于蜂鸣器的驱动电流较大，I/O 口无法直接驱动，因此需要通过三极管放大电路来放大输入信号从而驱动蜂鸣器。图 5-6 是由 51 单片机、三极管放大电路及蜂鸣器组成的常见的驱动电路，其中 R_1 为基极的限流电阻，R_2 为基极下拉电阻，保证基极处于高阻态时，三极管能够有效关断。当 I/O 口输出低电平时，三极管处于截止状态，蜂鸣器不工作；而当 I/O 口输出高电平时，三极管导通，处于放大状态，蜂鸣器开始工作。

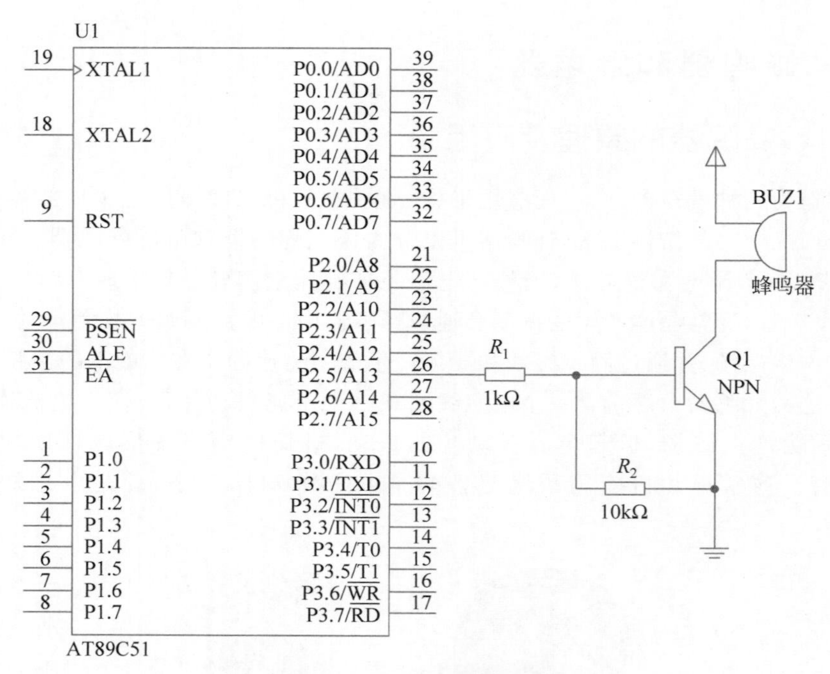

图 5-6　常见蜂鸣器驱动电路

【例 5-1】 若图 5-6 的蜂鸣器为有源蜂鸣器，试编写程序使其在启动 1s 后发出声音，5s 后声音停止。

编写程序如下：

```
#include <reg51.h>
sbit Beep = P2^5;                    //定义蜂鸣器端口
void delay(unsigned int ms)          //定义延迟函数
{
      unsigned char i;
      while(ms --)
      for(i = 0;i < 123;i++);
}
void main()
{
      Beep = 0;
      delay(1000);
      Beep = 1;                      //1s 后开始发声
      delay(5000);
      while(1)
            {
                  Beep = 0;
            }
}
```

【例 5-2】 若图 5-6 蜂鸣器为无源蜂鸣器，试编写程序让其以 250Hz 的频率发出响 1s、停 2s 的间歇音。

分析：频率为 250Hz 的方波信号的震荡周期应为 4ms，那么每隔 2ms 将 I/O 口电平取反，可得到 250Hz 的方波。

```
#include<reg51.h>
sbit Beep = P2^5;
void delay(unsigned int ms)
{
    unsigned char i;
    while(ms--)
      for(i = 0;i<123;i++);
}
void main()
{
    unsigned int i;
    while(1){
      for(i = 0;i<500;i++)
        {Beep = ~Beep;
        delay(2);
        }
      for(i = 0;i<1000;i++)
        {
        Beep = 1;
        delay(2);
        }
    }
}
```

5.2.2 继电器的原理及应用

继电器是一种由电控制的，且当输入达到规定要求时，其内部电路发生改变的器件。换句话说，继电器可以将一个较小的电流或电压转换成能够控制较大电流或电压的信号，进而实现自动开关的作用。继电器系统包括控制系统和被控制系统，这两个系统又称作输入回路和输出回路。继电器通常应用于控制电路中，起自动调节、转换电路等作用。

继电器一般由铁芯、电磁线圈、衔铁、触点开关、弹簧组成，图 5-7 是继电器的实物图，图 5-8 为继电器内部结构原理图。由图 5-8 可以看出，继电器的一端为电磁线圈，另一端为双头开关接触点，两个触点分为常开触点和常闭触点。当继电器不通电时，右侧开关，即常闭触点闭合，对应右侧电路导通。当继电器通电后，电流流过电磁线圈，由电磁效应产生磁场，进而产生吸引力，使左侧开关，即常开触点闭合，对应左侧电路导通。当线圈断电后，磁场随之消失，衔铁在弹簧的拉力下返回，常闭触点再次闭合，右侧电路导通。这样，通过对继电器输入电流的控制，实现对两个开关的控制，进而实现对其他电路的控制。

在单片机中，由于 I/O 口的输出电平较低，无法直接驱动继电器，因此通常会利用三极管放大电路来驱动继电器。图 5-9 是常见的继电器驱动电路图。其中 R_1 作为三极管放大电路的偏置电阻；二极管 D_1 起保护作用，防止电磁线圈失电瞬间产生的反向电势击穿三极管。当单片机 I/O 口输出高电平时，三极管处于截止状态，电路无法驱动继电器，常闭触点闭合；当单片机 I/O 口输出低电平时，发射极电位高于基极电位，三极管导通，处于放大状态，进而电磁线圈通电，电磁感应产生磁场，吸引常开触点闭合，对应电路导通。

图 5-7　继电器外形图

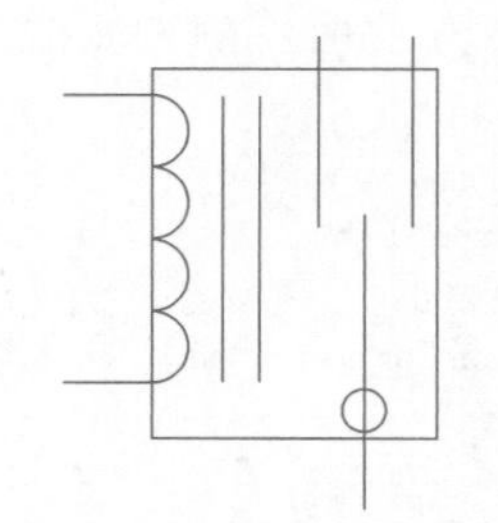

图 5-8　继电器内部结构图

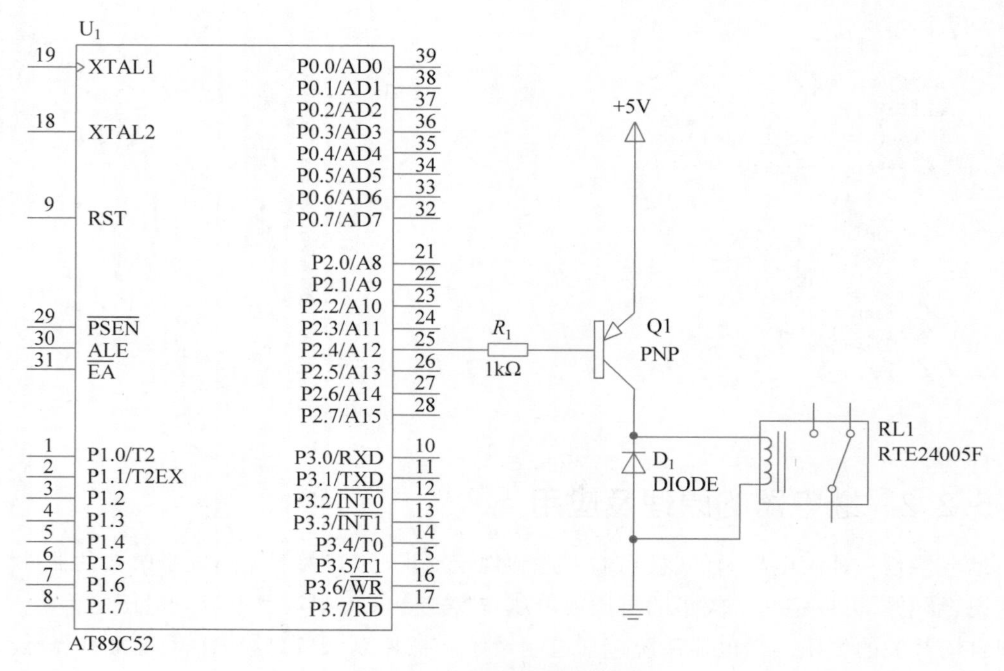

图 5-9　常见继电器驱动电路

在设计继电器电路时，需要了解继电器的相关参数。例如，在设计电路时，如果已知印制电路板的大小，我们就需要选择合适体积的继电器，并对封装进行合理选型，目前在设计电路中一般使用微小继电器，供电电压是 3V 或 5V，如果不考虑印制电路板，则需要重点考虑继电器的触点数目和触点功率。此外，还需要考虑到使用继电器后增加的电源功率以及对电路可能产生的影响。

继电器主要参数有：

- 额定工作电压和电流：继电器在正常工作状态下，继电器两端所加的电压值和线圈中流过的电流值。继电器的种类不同，额定电压和额定电流可能是交流的，也可能是直流的。
- 吸合电压和电流：继电器能产生吸合动作的最小电压值和电流值，一般情况下是额定值的 75%左右。在继电器工作时，应保证控制电压远远高于吸合电压，否则有可能造成频繁闭合与断开。
- 释放电压和电流：在该值以下，继电器不会吸合。

- 触点负载：反映能够控制设备的功率大小。所控制设备的功率应该小于触点负载。
- 直流电阻：指继电器中电磁线圈的直流电阻，可以通过万能表测量。
- 动作时间：继电器接收到控制信号后，从静止状态到动作状态所需要的时间。主要由磁激电压和线圈的阻抗决定，同时还受电源电压、线圈电流、温度、机械性能的影响。
- 释放时间：开关从常开触点到常闭触点的时间。
- 机械寿命：指继电器触头不接负载，能正常吸合、断开的次数。
- 电气寿命：继电器触头带负载后的动作次数。

表 5-1 是常见型号继电器的主要参数。

表 5-1 常见型号继电器的主要参数

型号	JZC-36F	JZX-140FF	JRC-19FD
名称	超小型中功率继电器	小型大功率继电器	超小型中功率继电器
外形尺寸：长(mm)×宽(mm)×高(mm)	24.5×10.5×24.5	29.0×13.0×25.5	20.8×9.9×12.2
触点形式	1H、1Z	2H、2Z	2Z
触点额定负载	10A 240V AC 10A 30V AC	10A 250V AC 8A 30V DC 5A 250V AC/30V DC	10A 240V AC 10A 30V DC
线圈直流电压/V	5～48	3～60	3～48
线圈直流功率/W	0.25,0.53	0.55	0.2,0.36
动作时间/ms	15	15	6
释放时间/ms	5	5	4
电气寿命/次	1×10^5	1×10^5	1×10^5
机械寿命/次	1×10^7	1×10^7	1×10^7
引出端形式	印制电路板式	印制电路板式	印制电路板式

【例 5-3】 图 5-10 是由 51 单片机、独立按键、继电器、有源蜂鸣器和 LED 灯组成的报警系统，初始状态下绿灯亮起，按下独立按键后，绿灯熄灭，红灯亮起，同时蜂鸣器开始报警。若在警报开始后的 4s 内再次按下独立按键，则停止警报，绿灯再次亮起；否则 4s 后自动停止警报。

参考程序：

```
#include<reg52.h>
sbit K1 = P1^0;
sbit R1 = P2^4;
void main()
{
int i,j;
int k = 0;
K1 = 1;
R1 = 1;
while(1)
{  if(K1 == 0)
   {  while(K1 == 0);
```

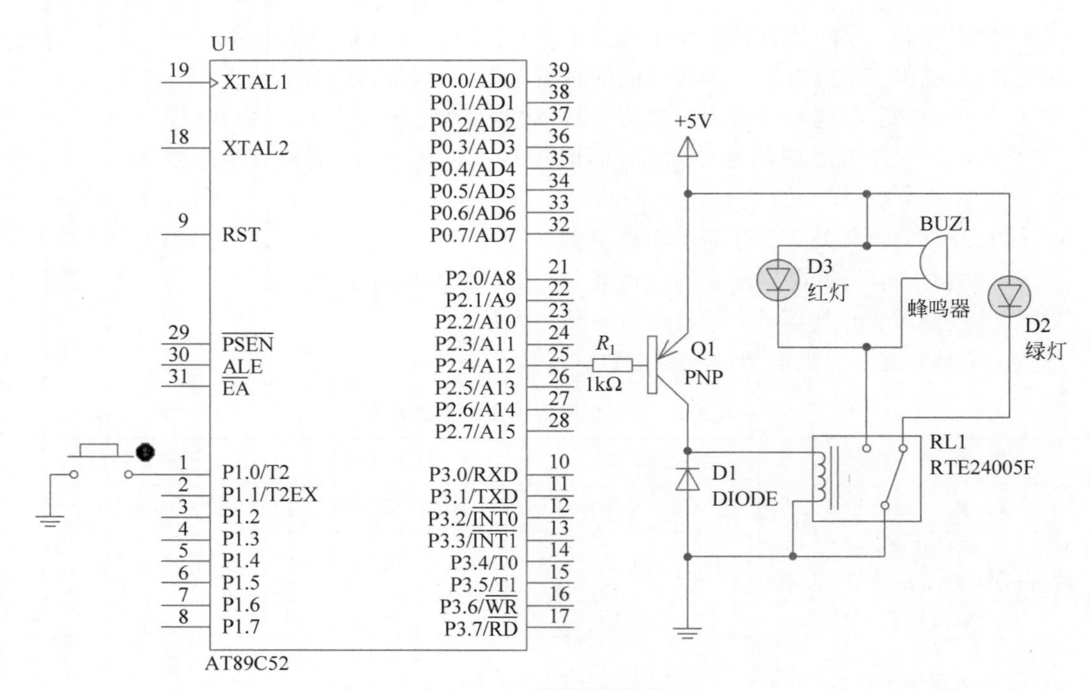

图 5-10　报警系统电路

```
        R1 = ～R1;
        j = 6000;
        while(j -- )
        {
          for(i = 0;i < 58;i++)
          {  if(K1 == 0)
             {
                while(K1 == 0);
                R1 = 1;
                k++;
             }
          }
            if(k!= 0)
            {
         k = 0;
        break;}
        }
      R1 = 1;
    }
  }
  }
```

视频讲解

5.3 LED 显示器的结构与原理

LED 显示是由若干个发光二极管组成的，控制不同组合的二极管导通，就能显示出各种字符。每个 LED 数码管由 8 个发光二极管 LED 构成的 7 个发光段和 1 个发光圆点组成，能显示多种字形，是一种廉价、可靠、耐用、方便、简单的显示元器件。

5.3.1 LED数码管工作原理

LED数码管内部结构如图5-11所示。其中一个圆点发光二极管（dp表示）用于显示小数点，七段发光二极管（a～g表示）按8字形排列，各段明亮的不同组合可以显示多种数字，字母以及符号。

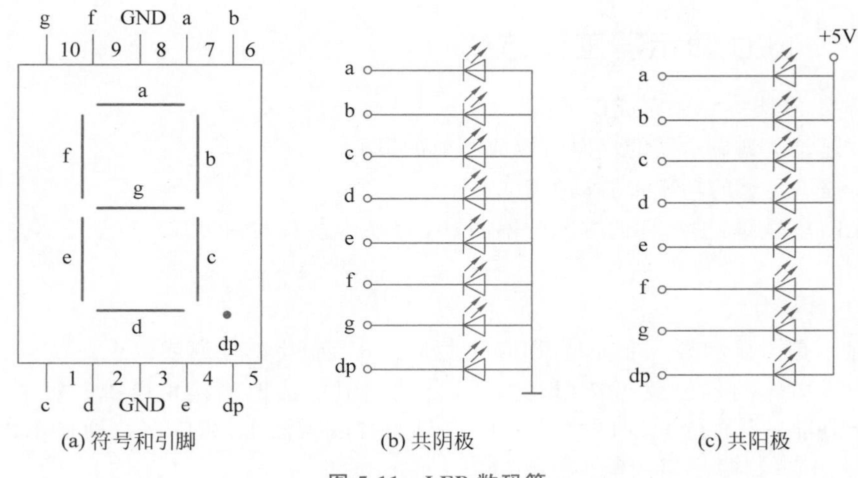

(a) 符号和引脚　　(b) 共阴极　　(c) 共阳极

图5-11 LED数码管

LED数码管中，发光二极管的公共端有两种不同的连接方法。

共阴极接法：将发光二极管的阴极连在一起构成公共阴极。使用时公共阴极接低电平，阳极端输入高电平的段导通点亮，而输入低电平的则不点亮。

共阳极接法：将发光二极管的阳极连在一起构成公共阳极。使用时公共阳极接高电平，发光二极管阴极端输入低电平的段导通点亮，而输入高电平的则不点亮。

使用LED数码管时要注意区分这两种不同接法，采用不同的驱动方式。

为使LED显示不同的符号或数字，要为LED提供段选代码。提供给LED显示器的段码（字型码）正好是一个字节（8段）。各段与字节中各位对应关系如下。

代码位	D7	D6	D5	D4	D3	D2	D1	D0
显示段	dp	g	f	e	d	c	b	a

根据LED数据管的内部结构，各种字形与十六进制段码之间的关系如表5-2所示。

表5-2 LED数码管字形段码表

字　符	共　阴　极	共　阳　极	字　符	共　阴　极	共　阳　极
0	3FH	C0H	A	77H	88H
1	06H	F9H	B	7CH	83H
2	5BH	A4H	C	39H	C6H
3	4FH	B0H	D	5EH	A1H
4	66H	99H	E	79H	86H
5	6DH	92H	F	71H	8EH

续表

字　符	共阴极	共阳极	字　符	共阴极	共阳极
6	7DH	82H	H	76H	09H
7	07H	F8H	P	73H	8CH
8	7FH	80H	U	3EH	C1H
9	6FH	90H	灭	00H	FFH

5.3.2 LED 显示器工作方式

LED 显示器接口一般完成以下操作。

译码：把要送到显示器的代码转换成相应的段码。

驱动：提供足够的功率来驱动 LED 发光。

根据 LED 显示器被点亮的方式的不同，LED 显示器有两种方式：静态显示方式和动态显示方式。

1）静态显示方式

静态显示是当显示某一字符时，相应的发光二极管恒定的导通或截止。

这种显示方式的各位数码管相互独立，公共端恒定接地或接正电源。每个数码管的 8 个字段分别与一个 8 位 I/O 口相连，I/O 口只要有段码输出，相应字符即显示出来，并保持不变，直到 I/O 口输出新的段码。

采用静态显示方式，较小的电流即可获得较高的亮度，且占用 CPU 时间少，编程简单，显示便于监测和控制，但其占用的接口线多，只适合于显示位数较少的场合。

在图 5-12 中，本身的静态端口（P1 口）或扩展的 I/O 端口直接与 LED 电路连接；利用本身的串口 TXD 和 RXD 与 LED 电路连接（让串口工作在方式 0：RXD——串行 I/O，TXD——移位脉冲）。

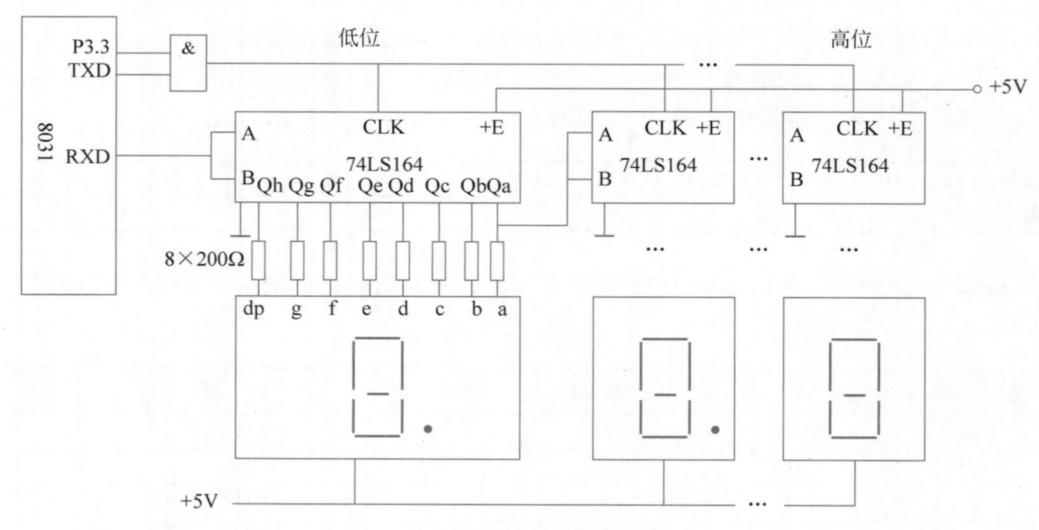

图 5-12　静态显示电路

2）动态显示方式

动态显示是一位一位地轮流点亮各位数码管，对于每一位数码管来说，每隔一段时间点亮一次。通常，各位数码管的段选线相应并联在一起，由一个 8 位的 I/O 口控制；各位的位选线（共阴极或共阳极）由另外的 I/O 口线控制。

动态方式显示时，各数码管分时轮流选通，要使其稳定显示，必须采用扫描方式。虽然这些字符是在不同的时刻分别显示，只要每位显示间隔足够短就可以给人以同时显示的感觉。调整电流和时间的参数，可实现亮度较高、较稳定的显示。

采用动态显示方式可以节省 I/O 口，硬件电路也较静态显示方式简单，但其亮度不如静态显示方式，扫描时占用 CPU 时间较多，如图 5-13 所示。

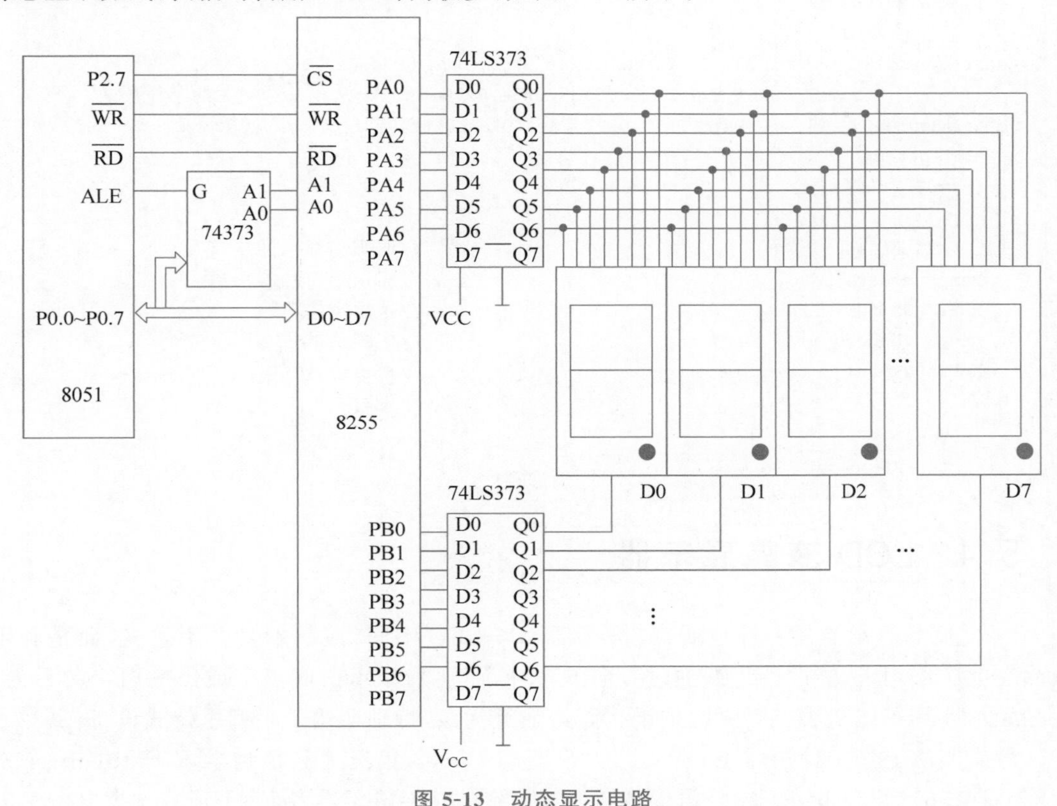

图 5-13 动态显示电路

动态显示程序：

```
#include <reg51.h>
#include <absacc.h>                              //定义绝对地址访问
#define uchar unsigned char
#define uint unsigned int
void delay(uint);                                //声明延时函数
void display(void);                              //声明显示函数
uchar disbuffer[8] = {0,1,2,3,4,5,6,7};          //定义显示缓冲区
void main()
{
   XBYTE[0x7f03] = 0x80;                         //8255 初始化
```

```
    while(1)
      {
           display();                                    //设显示函数
      }
}
//************ 延时函数 ************
void delay(uint i)                                       //延时函数
{   uint j;
    for(j = 0; j < i; j++) { }
}
//*********** 显示函数 ************
void display(void)                                       //定义显示函数
{
uchar codevalue[16] = {0x3f,0x06,0x5b,0x4f,0x66,0x6d,0x7d,0x07,
                0x7f,0x6f,0x77,0x7c,0x39,0x5e,0x79,0x71};       //0～F 的字段码表
uchar chocode[8] = {0xfe,0xfd,0xfb,0xf7,0xef,0xdf,0xbf,0x7f};   //位选码表
uchar i,p,temp;
for(i = 0; i < 8; i++)
{
    p = disbuffer[i];                                    //取当前显示的字符
    temp = codevalue[p];                                 //显示字符的字段码
    XBYTE[0x7f00] = temp;                                //送出字段码
    temp = chocode[i];                                   //取当前的位选码
    XBYTE[0x7f01] = temp;                                //送出位选码
    delay(20);                                           //延时 1ms
  }
}
```

视频讲解

5.4 LCD 液晶显示器

LCD 液晶显示器是一种被动式的显示器，与 LED 不同，液晶本身并不发光，而是利用液晶在电压作用下，能改变光线通过方向的特性，而达到显示白底黑字或黑底白字的目的。液晶显示器具有体积小、功耗低、抗干扰能力强等优点，特别适用于小型手持式设备。

液晶实质上是一种物质态，有人称为第四态。1888 年奥地利植物学家 F. Reinitzer 发现液晶。1961 年，美国 RCA 公司普林斯顿实验室的年轻电子学者 F. Heimeier 把电子学的知识用于研究化学。在研究外部电场对晶体内部电场的影响时，他使用了液晶。他将两片透明导电玻璃之间夹上掺有颜料的液晶，当在液晶层的两面施加以几伏的电压时，液晶层就由红色变成透明态。根据这一现象，进而研制出一系列数字、字符显示元器件。

常见的液晶显示器有七段式 LCD 显示器、点阵式字符型 LCD 显示器和点阵式图形 LCD 显示器。本节主要介绍点阵式字符型 LCD 显示器及其应用。

5.4.1 字符型液晶显示模块的组成和基本特点

字符型液晶显示模块是专门用于显示字母、数字、符号等的点阵型液晶显示模块，分 4 位和 8 位数据传输方式。提供 5×7 点阵＋光标和 5×10 点阵＋光标的显示模式。提供内部上电自动复位电路，当外加电源电压超过＋4.5V 时，自动对模块进行初始化操作，将模

块设置为默认的显示工作状态。

字符型液晶显示模块组件内部主要由 LCD 显示屏、控制器、驱动器、少量阻容元器件，结构件等装配在 PCB 板上构成。字符型液晶显示模块目前在国际上已经规范化，无论显示屏规格如何变化，其电特性和接口形式都是统一的。因此只要设计出一种型号的接口电路，在指令设置上稍加改动即可使用各种规格的字符型液晶显示模块。

5.4.2 LCD1602 模块接口引脚功能

LCD1602 可以显示 2 行、每行显示 16 个 ASCII 字符，并且可以自定义图形，只需要写入相对应字符的 ASCII 码就可以显示，在使用上相对数码管更能显示丰富的信息，外形如图 5-14 所示，引脚说明如表 5-3 所示。

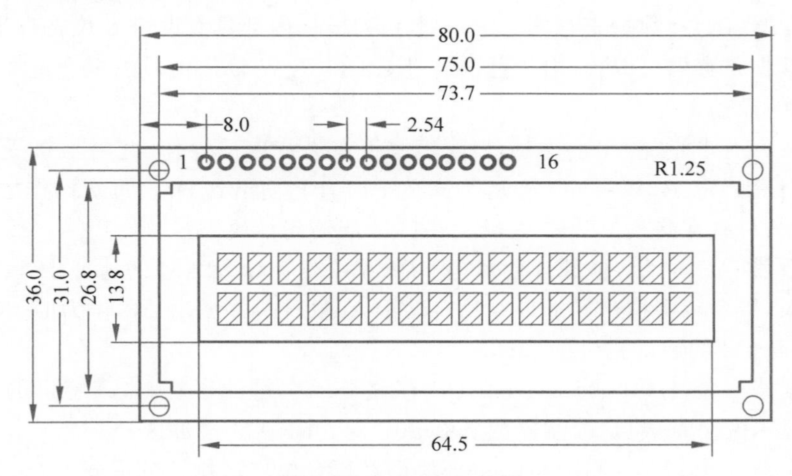

图 5-14 LCD1602 外形

表 5-3 LCD1602 引脚说明

编号	符号	引脚说明	编号	符号	引脚说明
1	VSS	电源地	9	D2	数据 I/O
2	VDD	电源正极	10	D3	数据 I/O
3	VL	液晶显示偏压信号	11	D4	数据 I/O
4	RS	数据/命令选择端(H/L)	12	D5	数据 I/O
5	R/W	读/写选择端(H/L)	13	D6	数据 I/O
6	*E*	使能信号	14	D7	数据 I/O
7	D0	数据 I/O	15	BLA	背光源正极
8	D1	数据 I/O	16	BLK	背光源负极

对表 5-3 中 LCD1602 引脚说明如下。

第 1 脚：VSS 为地电源。

第 2 脚：VDD 接 5V 正电源。

第 3 脚：VL 为液晶显示器对比度调整端，接正电源时对比度最弱，接地电源时对比度最高，对比度过高时会产生“鬼影”，使用时可以通过一个 10kΩ 的电位器调整对比度。

第 4 脚：RS 为寄存器选择，高电平时选择数据寄存器、低电平时选择指令寄存器。

第5脚：R/W为读写信号线，高电平时进行读操作，低电平时进行写操作。当RS和RW共同为低电平时可以写入指令或者显示地址，当RS为低电平、RW为高电平时可以读忙信号，当RS为高电平RW为低电平时可以写入数据。

第6脚：*E*端为使能端，当*E*端由高电平跳变成低电平时，液晶模块执行命令。

第7～14脚：D0～D7为8位双向数据线。

第15、第16脚用于带背光模块，不带背光的模块这两个引脚悬空不接。

5.4.3 LCD1602模块的操作命令

控制器主要由指令寄存器IR、数据寄存器DR、忙标志BF、地址计数器AC、显示数据寄存器DDRAM、CGROM、CGRAM以及时序发生电路组成。

指令寄存器(IR)和数据寄存器(DR)：本系列模块内部具有两个8位寄存器，即指令寄存器(IR)和数据寄存器(DR)。用户可以通过RS和R/W输入信号的组合选择指定的寄存器，进行相应的操作。

忙标志位BF：忙标志BF＝1时，表明模块正在进行内部操作，此时不接受任何外部指令和数据。当RS＝0、R/W＝1以及*E*为高电平时，BF输出到D7。每次操作之前最好先进行状态字检测，只有在确认BF＝0之后，MPU才能访问模块。

地址计数器(AC)：AC地址计数器是DDRAM或者CGRAM的地址指针。随着IR中指令码的写入，指令码中携带的地址信息自动送入AC中，并做出AC作为DDRAM的地址指针还是CGRAM的地址指针的选择。

显示数据寄存器(DDRAM)：DDRAM存储显示字符的字符码，其容量的大小决定着模块最多可显示的字符数目，控制器内部有80B的DDRAM缓冲区。

字符发生器ROM：在CGROM中，模块已经以8位二进制数的形式，生成了5×8点阵的字符字模组(一个字符对应一组字模)。字符字模是与显示字符点阵相对应的8×8矩阵位图数据(与点阵行相对应的矩阵行的高3位为0)，同时每一组字符字模都有一个由其在CGROM中存放地址的高8位数据组成的字符码对应。字符码地址范围为00H～FFH，其中00H～07H字符码与用户在CGRAM中生成的自定义图形字符的字模组相对应。

5.5 直流电动机和步进电动机

本章简单地介绍直流电动机(Direct Current Machine)、步进电动机和舵机(Servo)的基本原理，然后通过案例分析51单片机对直流电动机、步进电动机和舵机的控制过程。本章结合51单片机对直流电动机、步进电动机和舵机的控制案例，进一步将51单片机的定时/计数器、中断、键盘接口、液晶显示，以及数码管的动态显示等知识进行综合，通过实际应用巩固51单片机的定时/计数器和中断基础知识。本章内容对自动控制类和机械设计及自动化类学生的专业学习是很有帮助的。

5.5.1 直流电动机原理及驱动电路

直流电动机是指能将直流电能转换成机械能的旋转电动机，具有调速范围广、调速易平滑、制动力矩大和可靠性高等优点，因此在调速要求高的场所，如轧钢机、轮船推进器、电车、电气铁道牵引和吊车等领域已经得到广泛的应用。

1. 直流电动机的基本工作原理

直流电动机分为定子与转子两部分。定子包括机座、主磁极、换向极、电刷装置等；转子包括电枢铁心、电枢绕组、换向器、轴和风扇等。直流电动机工作原理结构示意图如图5-15所示，磁极N、S之间装着一个可以转动的铁磁圆柱体，圆柱体的表面上固定着一个线圈。当线圈中流过电流时，线圈受到电磁力的作用，从而产生旋转。在实际的直流电动机中，不止一个线圈，而是有许多线圈牢固地嵌在转子铁心槽中，当导体接通电源时，导体在磁场中受力而转动，就带动整个转子旋转，然后通过齿轮或皮带机构的传动，带动其他机械工作。

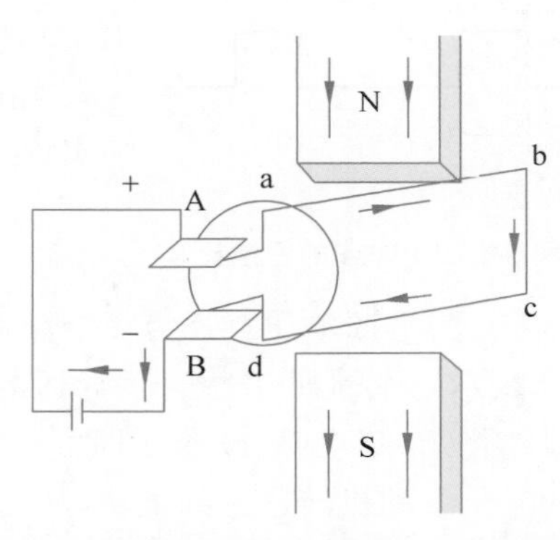

图5-15　直流电动机工作原理结构示意图

2. 直流电动机调速的原理

直流电动机调速是指电动机在一定负载的条件下，根据需要人为地改变电动机的转速。直流电动机的转速 n 和直流电动机其他参量的关系可表示为

$$n=\frac{U_a-I_aR_a}{C_E\phi} \tag{5-1}$$

式中，U_a 表示电枢供电电压(V)；I_a 表示电枢电流(A)；ϕ 表示主磁通(Wb)；R_a 表示电枢回路电阻(Ω)；C_E 表示电势系数，$C_E=\frac{pN}{60a}$，p 为电磁对数，a 为电枢并联支路数，N 为导体数。

由式(5-1)可知，直流电动机的调速方法有以下几种。

(1) 调节电枢供电电压 U_a。从额定电压往下调低电枢电压，能实现电动机从额定转速向下变速。对于属恒转矩系统来说，由于这种变化遇到的时间常数较小，因此能快速响应，但是需要大容量可调直流电源。

(2) 改变电动机主磁通 ϕ。改变主磁通可以实现无级平滑调速，但只能通过减弱磁通进行调速(简称弱磁调速)，电动机的时间常数变大，响应速度较慢，但所需电源容量小。

(3) 改变电枢回路电阻 R_a。可以在电动机电枢回路外串联电阻进行调速，设备简单，操作方便，但只能进行有级调速，还会在调速电阻上消耗大量电能。改变电枢回路电阻调速有很多缺点，目前很少采用，仅在有些起重机、卷扬机及电车等对调速性能要求不高或低速运转时间不长的传动中使用，在额定转速以上进行小范围的升速。

因此，自动控制的直流调速系统往往以调压调速为主。常用的一种调压调速是通过脉冲宽度调制(Pulse width modulation，PWM)控制电动机的电枢供电电压，实现调速。

3. 直流电动机的PWM调压调速原理

PWM是一种对模拟信号电平进行数字编码的方法，保持开关周期不变，调制导通时间。脉宽调速系统历史久远，但缺乏高速大功率开关器件，未能及时在生产实际中得到推广和应用。后来，大功率晶体管(GTR)，特别是IGBT(绝缘栅双极型晶体管)功率器件的出现，使直流电动机脉宽调速系统获得迅猛发展。

电动机的 PWM 控制就是通过控制 PWM 的占空比来控制电动机的速度。所谓 PWM 的占空比，是指高电平保持的时间与该 PWM 的时钟周期之比，如图 5-16 所示。

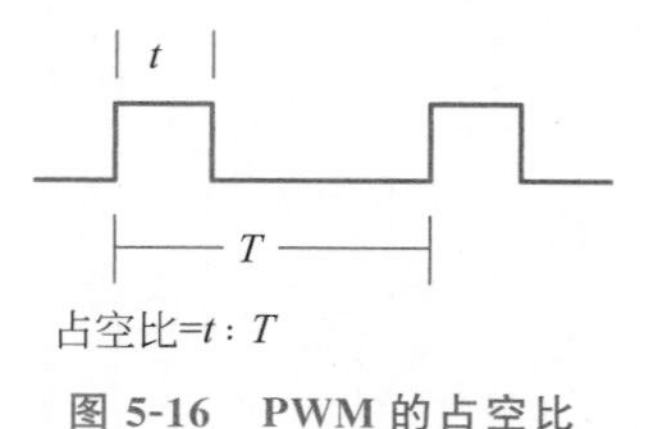

图 5-16　PWM 的占空比

在电动机的 PWM 控制中，设电动机电枢绕组两端电压的平均值为 U_a，此时 U_a 与占空比之间的关系为

$$U_a=\frac{t\times U_S}{T}=qU_S \tag{5-2}$$

式中，U_S 为电源电压；T 为一个脉冲周期；t 为在一个周期 T 内开关导通的时间；q 为占空比，表示一个周期 T 内开关导通的时间与时钟周期的比值，其变化范围为 $0\leqslant q\leqslant 1$。当电源电压 U_S 不变时，改变 q 即可改变 U_a。q 越大，电动机的转速越快，若 $q=1$，则占空比为 100%，电动机转速达到最快，从而达到调速的目的。

单片机 I/O 口输出 PWM 信号有以下 3 种方法。

(1) 利用软件延时。当 I/O 引脚输出高电平维持一段延时时，就对该引脚电平取反，变成低电平，然后延时一段时间；当该引脚输出低电平延时一段时间时，再将该引脚电平取反，变成高电平，如此循环，就可以得到 PWM 信号。

(2) 应用定时/计数器。控制方法同上，只是在这里利用单片机的定时/计数器来定时，实现引脚输出信号的高电平、低电平的翻转，而不是通过软件延时。利用这种方法产生的延时要比利用软件延时准确。

(3) 利用单片机自带的 PWM 控制器。例如，STC12 系列单片机自身带有 PWM 控制器，STC89 系列和 8051 等单片机无此功能。其他型号单片机（如 PIC 单片机、AVR 单片机等）也带有 PWM 控制器。

4. 直流电动机的驱动

用单片机控制直流电动机时，由于单片机的驱动能力有限，因此需要加驱动电路，为直流电动机提供足够大的驱动电流。不同直流电动机的驱动电流也不同，使用时需要根据实际需求选择合适的驱动电路。在直流电动机驱动电路的设计中，主要考虑以下几点。

(1) 功能：电动机是单向转动还是双向转动？需不需要调速？对于单向转动的电动机驱动，只要用一个大功率三极管或场效应管或继电器直接带动电动机即可。当电动机需要双向转动时，可以使用由 4 个功率元件组成的 H 桥电路或者使用一个双刀双掷的继电器。如果不需要调速，只要使用继电器即可，但电器的响应时间长、机械结构容易损坏、可靠性不高；如果需要调速，可以使用三极管电流放大驱动电路、电动机专用驱动模块（如 L298）和达林顿驱动等驱动电路实现 PWM 调速，这种电路工作在三极管的饱和截止状态下，效率很高。

(2) 性能：对于 PWM 调速的电动机驱动电路，主要有以下性能指标。

① 输出电流和电压范围。如果驱动单个电动机，并且电动机的驱动电流不大，那么可直接选用三极管搭建驱动电路；如果电动机所需的驱动电流较大，那么可直接选用市场上现成的电动机专用驱动模块，这种模块接口简单，操作方便，并可为电动机提供较大的驱动电流，不过它的价格贵一些。

② 效率。高效率不仅意味着节省电源,也会减少驱动电路的发热情况。要提高电路的效率,可以从保证功率器件的开关工作状态和防止共态导通(H 桥或推挽电路可能出现的一个问题——两个功率器件同时导通将使电源短路)入手。

③ 对控制输入端的影响。功率电路对其输入端应有良好的信号隔离,防止高电压大电流进入主控电路,可以用高的输入阻抗或光电耦合器实现隔离。

④ 对电源的影响。共态导通可能引起电源电压的瞬间下降而造成高频电源污染;大的电流可能导致地线电位浮动。

⑤ 可靠性。对于电动机驱动电路,无论加上何种控制信号、何种无源负载,电路都是安全的。

5. 单片机对直流电动机控制的案例分析

单片机对直流电动机控制的本质,就是让单片机输出一个 PWM 信号以控制直流电动机。

【例 5-4】 利用 51 单片机设计一个直流电动机的控制电路,系统设置两个按键,一个按键控制直流电动机的正/反转的状态,另一个按键控制直流电动机的速度变化。单片机对电动机调速采用 PWM 方式实现,系统通过 LCD1602 显示 PWM 的占空比。

1. 电路设计

根据设计要求,在 Proteus 专业版 ISIS 中绘制如图 5-17 所示的电路原理图,元器件清单如表 5-4 所示。

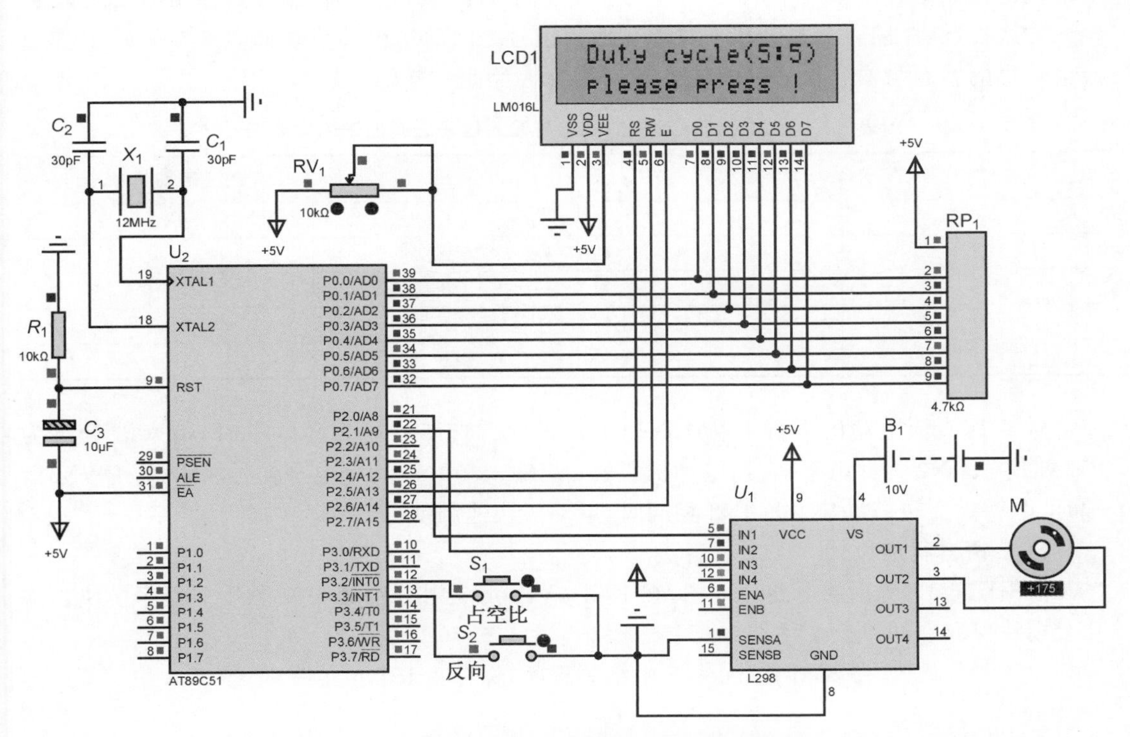

图 5-17 单片机控制的直流电动机的电路原理图

表 5-4 单片机控制的直流电动机的电路原理图元器件清单

元器件编号	Proteus 软件中的元器件名称	元器件标称值	说　明
U_2	AT89C51	AT89C51	单片机
R_1	RES	10kΩ	电阻
RV_1	POT-HG	10kΩ	可变电阻
RP_1	RESPEAK-8	4.7kΩ	排阻
C_1、C_2	CAP	30pF	无极性电容
C_3	CAP-ELEC	10μF	电解电容
X_1	CRYSTAL	12MHz	石英晶体
U_1	L298	无	直流电动机驱动芯片
LCD_1	LM016L	无	LCM1602
S_1、S_2	BUTTON	无	按钮

直流电动机控制系统主要由单片机最小系统、LCD1602 显示控制模块（LCM1602）、电动机控制芯片和直流电动机组成，其中单片机最小系统和 LCD1602 显示控制模块在前面的章节中已经分析过，这里主要对电动机芯片 L298 进行介绍。

L298 芯片是由意法半导体公司研发的一款双全桥大电流（2A×2）电动机驱动芯片，输出端 OUT1 和 OUT2 控制 A 路电动机，输出端 OUT3 和 OUT4 控制 B 路电动机。ENA 和 ENB 两个引脚分别为 A 路电动机使能端和 B 路电动机使能端，接高电平有效，其中 A 路电动机的控制方式由 IN1 和 IN2 的输入方式控制，B 路电动机的控制方式由 IN3 和 IN4 的输入方式控制，A 路直流电动机的状态与输入信号之间的逻辑关系表如表 5-5 所示，B 路直流电动机的状态与输入信号之间的逻辑关系与 A 路是一样的。

表 5-5 A 路直流电动机的状态与输入信号之间的逻辑关系表

ENA	IN1	IN2	直流电动机状态
0	×	×	停止
1	0	0	制动
1	1	0	正转
1	0	1	反转
1	1	1	制动

对 A 路直流电动机进行 PWM 调速的方法是：当使能端为高电平时，输入端 IN1 为 PWM 信号，IN2 为低电平信号，电动机正转；当输入端 IN1 为低电平信号、IN2 为 PWM 信号时，电动机反转；当 IN1 与 IN2 相同时，电动机快速制动。

2. C 语言程序设计

根据图 5-17 所示的电路原理图，在 Keil μVision 5 中分别编写以下几个程序模块。这几个模块保存在同一个文件夹中。

（1）显示函数，在 Keil μVision 5 中编写程序，保存为 lcd.h 文件。

```
#ifndef LCD_1602
#define LCD_1602
#define uchar unsigned char
#define uit unsigned int
```

```
sbit RS = P2^4;
sbit RW = P2^5;
sbit E = P2^6;
void delayms(uit ms)
{
    uchar i;
    while(ms -- )
    for(i = 0;i < 123;i++);
}
void w_com(uchar com)                              //LCD1602 写命令子函数
{
    RS = 0;
    RW = 0;
    E = 1;
    P0 = com;
    E = 0;
    delayms(1);
}
void w_dat(uchar dat)                              //LCD1602 写数据子函数
{
    RS = 1;
    RW = 0;
    E = 1;
    P0 = dat;
    E = 0;
    delayms(1);
}
void lcd_ini(void)                                 //LCD1602 初始化子函数
{
    delayms(10);
    w_com(0x38);
    delayms(10);
    w_com(0x0c);
    delayms(10);
    w_com(0x06);
    delayms(10);
    w_com(0x01);
    delayms(10);
    w_com(0x38);
    delayms(10);
}
#endif
```

(2) 方向改变函数,在 Keil μVision 5 中编写程序,保存为 reverse.c 文件。

```
#include"reg51.h"
#include"intrins.h"
#define uchar unsigned char
#define uint   unsigned int
sbit P20 = P2^0;
sbit P21 = P2^1;
```

```
extern uchar flag;                    /*** 高、低电平标 ***/
extern bit direction;                 /*** 方向标志 ***/
/***** 改变转向 *****/
void reverse(void)
{
if(direction == 0)                    /** 顺时针转 **/
      {      P21 = 0;
             if(flag == 1) {     flag = 0;      P20 = 0;      }
             if(flag == 2) {     flag = 0;      P20 = 1;      }
}
      if(direction == 1)              /** 逆时针转 **/
{     P20 = 0;
             if(flag == 1) {     flag = 0;      P21 = 0;      }
             if(flag == 2) {     flag = 0;      P21 = 1;      }
}
}
```

（3）主函数。在 Keil μVision 5 中编写程序，保存为 9-1.c 文件。

```
#include"reg51.h"
#include"intrins.h"
#include"lcd.h"
#define uchar unsigned char
#define uint  unsigned int
uchar code str1[] = "Duty cycle(5:5)!";
uchar code str2[] = "Duty cycle!";
uchar code str3[] = "please press !";
sbit P20 = P2^0;
sbit P21 = P2^1;
uchar flag = 0;                          /*** 高、低电平标志 ***/
bit direction = 0;                       /*** 方向标志 ***/
static uchar constant = 5;               //可以改变占空比
/**** 函数声明 ****/
void reverse(void);
/*** 定时器 t0 ***/
void time0(void)  interrupt  1 using 1   //频率为 1kHz 左右，占空比发生变化
{
    static uchar i = 0;
    i++;
    if(i <= constant) flag = 1;
if(i <= 10&&i > constant) flag = 2;
if(i == 10) i = 0;
TH0 = 0xff; TL0 = 0xe7;
}
/**** 改变转向标志 *****/
void int1_srv (void) interrupt 2 using 2
{
if(INT1 == 0)
      {      while(!INT1);
             direction = !direction;
      }
```

```
}
/******* 中断,调节占空比 ********/
void change(void) interrupt 0 using 0
{   int i;
if(INT0 == 0)
{     while(!INT0);
constant++;
      w_com(0x01);                       //清屏
      w_com(0x80);
for(i = 0;str2[i]!= '\0';i++)
      w_dat(str2[i]);
if(constant == 10)      { w_com(0xc7); w_dat(0 + 0x30); }
  else
  { w_com(0xc7);w_dat(constant + 0x30); w_com(0xc8); w_dat(':'); }
if(constant!= 10)   {w_com(0xc9); w_dat(9 - constant + 0x30); }
  else
  {w_com(0xc9);w_dat(1 + 0x30); w_com(0xc7);        w_dat(0 + 0x30);   }
if(constant == 10)    constant = 0;
  }
}
void main()
{     int i;
IE = 0x8f;                               //EA = 1;EX1 = 1;ET0 = 1;EX0 = 1;开放对应中断
TMOD = 0x01;                             //设置为工作方式 1
TR0 = 1;                                 //启动定时/计数器 T0 计数
IT0 = 1; IT1 = 1;                        //外部中断 1 和外部中断 2 均为边缘触发方式
TH0 = 0xff; TL0 = 0xe7;                  //定时/计数器 T0 赋初值
      lcd_ini();
      w_com(0x80);
for(i = 0;str1[i]!= '\0';i++)  w_dat(str1[i]);
w_com(0xc0);
for(i = 0;str3[i]!= '\0';i++)    w_dat(str3[i]);
      while(1)
{ reverse();     }
}
```

5.5.2 步进电动机原理及驱动电路

1. 步进电动机的介绍

步进电动机又称为脉冲电动机,是指利用电磁铁原理,将脉冲信号转换成线位移或角位移的开环控制电动机,通过控制施加在电动机线圈上的电脉冲顺序、频率和数量,实现对步进电动机的转向、速度和旋转角度的控制。配合直线运动执行机构或齿轮箱装置,可以实现更加复杂、精密的线性运动控制要求。步进电动机是现代数字程序控制系统的主要执行元件,应用极为广泛。

2. 步进电动机的基本结构

步进电动机一般由前端盖、后端盖、轴承、中心轴、转子铁心、定子铁心、定子组件、波纹垫圈、螺钉等部分组成,图 5-18 为其结构解剖图。

步进电动机按其结构形式,可分为反应式步进电动机(Variable Reluctance,VR)、永磁

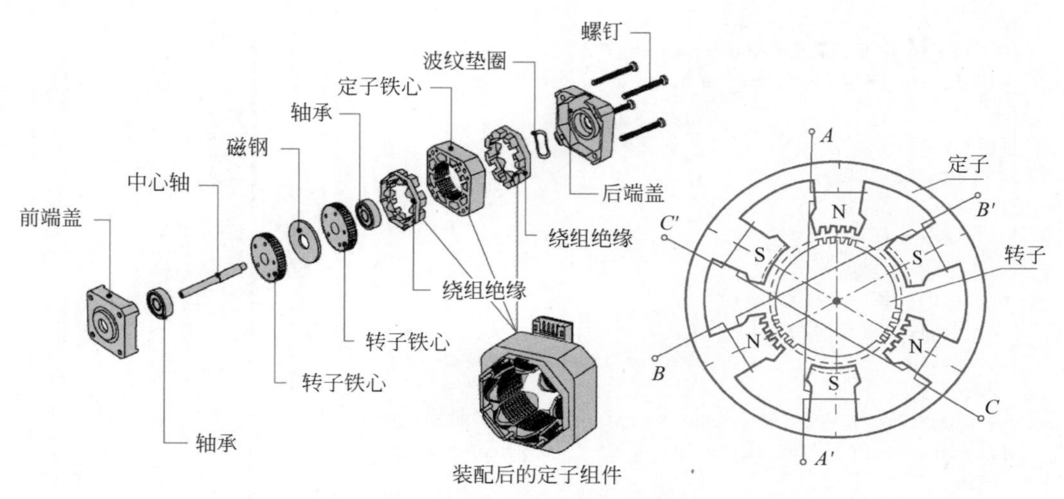

图 5-18　步进电动机的结构解剖图

式步进电动机(Permanent Magnet,PM)、混合式步进电动机(Hybrid Stepping,HS)等类型。我国以反应式步进电动机为主。

反应式步进电动机的定子上有绕组,转子由软磁材料组成。反应式步进电动机结构简单、成本低、步距角小(可达 1.2°),但动态性能差、效率低、发热大、可靠性难以保证。

永磁式步进电动机的转子用永磁材料制成,转子的极数与定子的极数相同。其特点是动态性能好、输出力矩大,但这种电动机的精度差,步矩角大(一般为 7.5°或 15°)。

混合式步进电动机综合了反应式步进电动机和永磁式步进电动机的优点,其定子上有多相绕组、转子上采用永磁材料,转子和定子上均有多个小齿以提高步矩精度,其特点是输出力矩大、动态性能好、步距角小,但是结构复杂、成本相对较高。

3. 步进电动机的技术指标

(1) 步进电动机的静态指标。

① 相数：产生不同对 N、S 磁场的激磁线圈对数,常用 m 表示。目前,常用的有二相、三相、四相和五相步进电动机。相数不同的电动机,其步距角也不同。

② 步距角：控制每发一个脉冲信号,电动机转子转过的角位移,用 θ 表示。$\theta=360°/$(转子齿数×运行拍数),以常规二相、四相,转子齿为 50 齿的电动机为例。四拍运行时步距角为 $\theta=360°/(50\times4)=1.8°$(俗称整步),八拍运行时步距角为 $\theta=360°/(50\times8)=0.9°$(俗称半步)。

③ 拍数：完成一个磁场周期性变化所需的脉冲数或导电状态,或指电动机转过一个齿距角所需脉冲数,用 n 表示。以四相电动机为例,有四相四拍运行方式,即 AB→BC→CD→DA→AB；也有四相八拍运行方式,即 A→AB→B→BC→C→CD→D→DA→A。

④ 定位转矩：在不通电状态下,电动机转子自身的锁定力矩(由磁场齿形的谐波及机械误差造成)。

⑤ 静转矩：在额定静态电压的作用下,电动机不进行旋转运动时电动机转轴的锁定力矩。此力矩是衡量电动机体积的标准,与驱动电压及驱动电源等无关。虽然静转矩与电磁激磁匝数成正比,与定齿转子之间的气隙有关,但过分采用减小气隙、增加激磁匝数的方法

提高静力矩是不可取的，这样会造成电动机发热及带来机械噪声。

（2）步进电动机的动态指标。

① 步距角精度：步进电动机每转过一个步距角的实际值与理论值的误差，其用百分比表示：误差/步距角×100%。对于不同的运行拍数，其值也不同，四拍运行时应在5%以内，八拍运行时应在15%以内。

② 电动机运行时运转的步数不等于理论上的步数，称为失步。

③ 失调角：转子齿轴线偏移定子齿轴线的角度，电动机运转必存在失调角，失调角产生的误差采用细分驱动是不能解决的。

④ 大空载启动频率：电动机在某种驱动形式、电压及额定电流下，在不加负载的情况下，能够直接启动的大频率。

⑤ 大空载的运行频率：电动机在某种驱动形式、电压及额定电流下，电动机不带负载的高转速频率。

⑥ 运行矩频特性：电动机在某种测试条件下测得运行中输出力矩与频率关系的曲线称为运行矩频特性，这是电动机诸多动态曲线中重要的特性之一，也是电动机选择的根本依据。其他特性还有惯频特性、启动频率特性等。

⑦ 电动机正反转控制：当电动机绕组通电时序为 AB→BC→CD→DA 时为正转，当通电时序为 DA→CD→BC→AB 时为反转。

4. 步进电动机的基本原理

步进电动机驱动器根据外来的控制脉冲和方向信号，通过其内部的逻辑电路，控制步进电动机的绕组以一定的时序正向或反向通电，使电动机正向/反向旋转，或者锁定。步进电动机的控制等效电路如图5-19所示。它有 A、$\overline{A}$、B 和 $\overline{B}$ 四条励磁信号引线，通过这4条引线上所接的脉冲信号可控制步进电动机的转动。每出现一个脉冲信号，步进电动机就走一步。因此，只要依序不断送出脉冲信号，步进电动机就能实现连续转动。

步进电动机的励磁有二线、三线、四线和五线等方式，但其控制方式均相同，都要用脉冲电流驱动。步进电动机的转动角度与外接励磁信号线上的脉冲电流脉冲数的关系如式(5-3)所示。假设每旋转一圈以200个脉冲信号来励磁，可以计算出每个励磁信号都能使电动机旋转前进1.8°，其旋转角度与脉冲数成正比，如图5-20所示。正转、反转可以由脉冲的顺序控制。

$$\theta = \theta_s \times A \tag{5-3}$$

式中，θ 为电动机出力轴的转动角度(°)；θ_s 为步距角(°/步)；A 为脉冲数。

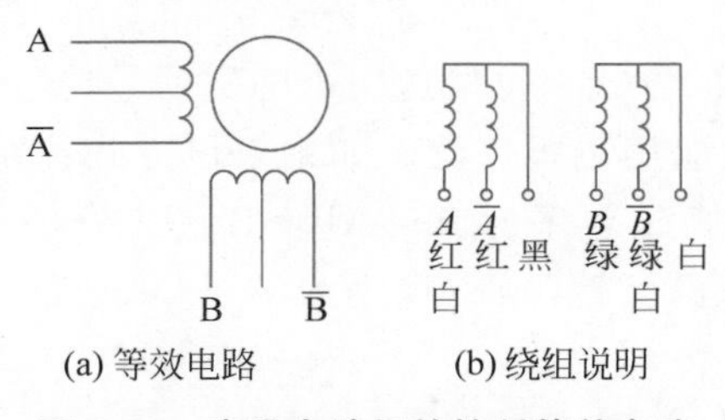

图 5-19 步进电动机的控制等效电路

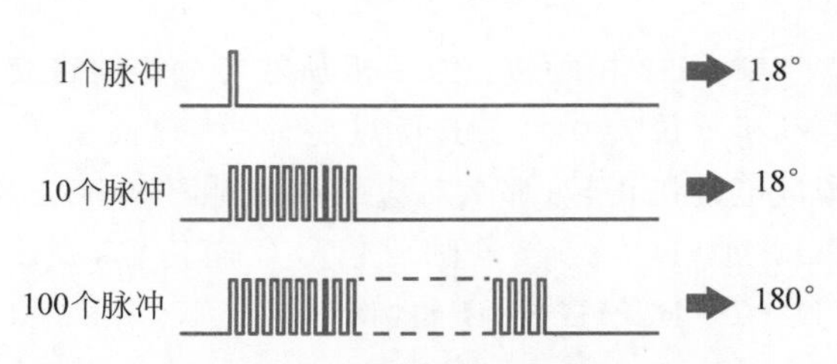

图 5-20 电动机的旋转角度与脉冲数之间的关系

步进电动机的转速(r/min)与外接励磁信号线上的脉冲电流信号频率(Hz)的关系如式(5-4)所示。图5-21为电动机转速与脉冲电流信号的频率之间的关系。

$$N=\frac{\theta_s}{360}\times f\times 60 \tag{5-4}$$

式中，N 为电动机出力轴的转速(r/min)；θ_s 为步距角(°/步)；f 为脉冲频率(Hz)(每秒输入脉冲数)。

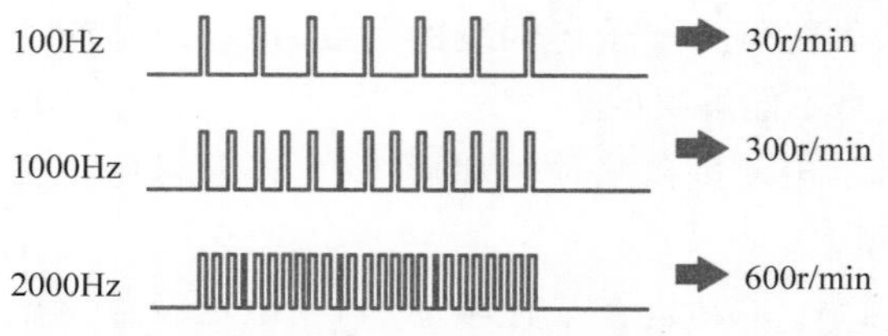

图 5-21 电动机转速与脉冲电流信号的频率之间的关系

步进电动机的励磁方式可分为全部励磁及半步励磁，其中，全部励磁可分为1相励磁和2相励磁，半步励磁又称1-2相励磁。假设旋转一圈以200个脉冲信号来励磁，可以计算出每个励磁信号都能使电动机旋转前进1.8°，下面对这几种励磁方式进行说明。

(1) 1相励磁：在每个瞬间，步进电动机都只有一个线圈导通。每发送一个励磁信号，步进电动机就旋转1.8°。这是3种励磁方式中最简单的一种。其特点是精确度好、消耗电能少，但输出转矩小、振动较大。如果以该方式控制步进电动机正转，那么对应的励磁顺序如表5-6所示，励磁顺序为A→B→C→D→A。若励磁信号反向传输，则步进电动机反转。

(2) 2相励磁：在每个瞬间，步进电动机都有2个线圈同时导通。每发送一个励磁信号，步进电动机就旋转1.8°。其特点是输出转矩大、振动小，因此其已成为目前使用最多的励磁方式之一。如果以该方式控制步进电动机正转，那么对应的正转励磁顺序如表5-7所示，励磁顺序为AB→BC→CD→DA→AB。若励磁信号反向传输，则步进电动机反转。

表 5-6 正转励磁顺序 A→B→C→D→A

顺序	A	B	C	D
1	1	0	0	0
2	0	1	0	0
3	0	0	1	0
4	0	0	0	1

表 5-7 正转励磁顺序 AB→BC→CD→DA→AB

顺序	A	B	C	D
1	1	1	0	0
2	0	1	1	0
3	0	0	1	1
4	1	0	0	1

(3) 1-2相励磁：为1相励磁与2相励磁交替导通的方式。每发送一个励磁信号，步进电动机就旋转0.9°。其特点是分辨率高、运转平滑，故应用也很广泛。如果以该方式控制步进电动机正转，那么对应的励磁顺序如表5-8所示，励磁顺序为A→AB→B→BC→C→CD→D→DA→A。若励磁信号反向传输，则步进电动机反转，励磁顺序为A→DA→D→CD→C→BC→B→AB→A。

表 5-8 正转励磁顺序 A→AB→B→BC→ C→CD→D→DA→A

顺　序	A	B	C	D
1	1	0	0	0
2	1	1	0	0
3	0	1	0	0
4	0	1	1	0
5	0	0	1	0
6	0	0	1	1
7	0	0	0	1
8	1	0	0	1

5. 步进电动机的驱动

步进电动机不能直接接到工频交流电源或直流电源上工作，必须使用专用的步进电动机驱动模块，由驱动模块与步进电动机直接耦合。常用的驱动模块有 L298 和 FT5754，这类驱动模块接口简单，操作方便，它们既可以驱动步进电动机，也可以驱动直流电动机。除此之外，还可以利用晶体管搭建驱动电路，不过这样比较麻烦，而且可靠性也会降低。另外，还可以使用达林顿驱动器 ULN2803，单片该芯片最多可一次驱动八线制步进电动机，当然只有四线制或六线制步进电动机也是没有问题的。

5.5.3 单片机对步进电动机控制的案例分析

单片机对步进电动机控制的本质就是通过单片机的多个引脚产生控制步进电动机的励磁信号，按照步进电动机的励磁顺序输出控制信号。

【例 5-5】 运用 51 单片机实现对半步励磁式步进电动机的控制，该系统能实现对步进电动机的正转、反转、加速和减速的控制，其控制状态通过液晶显示器显示。

1. 电路设计

打开 Proteus ISIS 软件，在编辑器中单击元件列表 P L DEVICES 中的 P 按钮，添加如表 5-9 所示的元器件，绘制如图 5-22 所示的电路原理图。该电路也是一个典型的步进电动机接口电路，主要由单片机小系统、步进电动机控制模块、LCD 显示控制模块和按键模块 4 部分组成。单片机的 P2.0、P2.1、P2.2 和 P2.3 这 4 个引脚输出的控制信号通过 7404 和 ULN2003A 控制步进电动机的 4 个励磁信号引脚；单片机的 P0 口的引脚分别与 LCD12864 液晶显示器的数据引脚相连，单片机的 P3.0、P3.1、P3.2、P3.4 和 P3.5 引脚分别与 LCD12864 液晶显示器的控制引脚相连，实现单片机与液晶显示器的连接；单片机的 P1.0、P1.1、P1.2、P1.3、P1.4 引脚分别接 5 个独立按键，通过中断方式扫描按键的工作状态。

表 5-9 单片机控制步进电动机的电路原理图元器件清单

元器件编号	Proteus 软件中的元器件名称	元器件标称值	说　明
U_1	AT89C51	AT89C51	单片机
C_1、C_2	CAP	30pF	无极性电容
C_3	CAP-ELEC	10μF	电解电容
X_1	CRYSTAL	12MHz	石英晶体
R_1	RES	10kΩ	电阻

续表

元器件编号	Proteus 软件中的元器件名称	元器件标称值	说　明
RV_1	POT-HG	1kΩ	可变电阻
RP_2、RP_3	RESPACK-8	4.7kΩ	9 脚排阻
U_2	7404	无	反相器
U_3	ULN2003A	无	达林顿管
U_4	AND_5	无	5 输入与门
LCD12864	AMPIRE128×64	无	液晶显示器
M	MOTOR-STEPPER	无	步进电动机

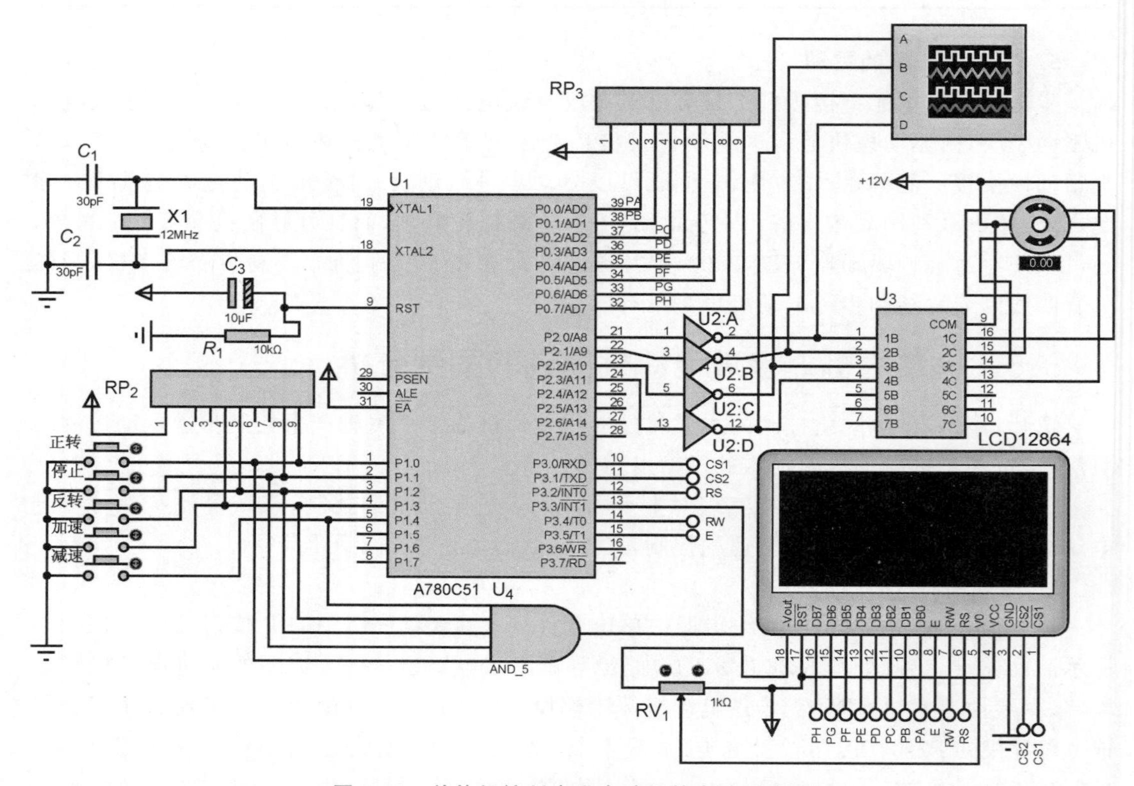

图 5-22　单片机控制步进电动机的电路原理图

程序

2. 程序设计

根据设计要求完成 C51 程序设计，在 Keil μVision 5 软件中保存为 5-5.c，建立 5-5 工程文件，并编译生成 5-5.hex 文件。读者可扫码获取程序。

3. 程序点评

(1) 该程序比较长，相对较难。该程序的设计中涉及的知识点较多，既有按键检测，又有带字符库的 LCD 液晶显示程序设计，还包括直流电动机的控制程序设计。

(2) 根据图 5-22 的电路原理图，在程序的端口配置时，定义“sbit P2_0＝P2^0；sbit P2_1＝P2^1；sbit P2_2＝P2^2；sbit P2_3＝P2^3；”为单片机输出信号与步进电动机的输入控制信号接口。定义“sbit E＝P3^5；sbit RW＝P3^4；sbit RS＝P3^2；sbit L＝P3^1；

sbit R＝P3^0；”为单片机输出信号与 LCD 的输入控制信号接口。定义“sbit P3_3＝P3^3；”为外部中断 1 的信号接口。

(3) 程序中带字符库的 LCD 液晶显示的格式是 16×16 点阵的，LCD 显示的字需要用取字模软件提取。点阵液晶取字模软件在电子设计行业也是常用的软件，特别对于用到点阵 LCD 的电子产品，它能很好地生成各种不同字体的文字代码、图片代码或者自行设计不同的代码，下面以字模提取 V2.2 CopyLeft By Horse 2000 软件为例稍做说明。

① 打开 V2.2 CopyLeft By Horse 2000 软件，选择“参数设置”选项，如图 5-23(a)所示，再单击“文字输入区字体选择”图标，弹出如图 5-23(b)所示的对话框，在此可设置不同的字体、字形，以及字的大小和效果。一般地，字体的大小选小四号，生成字的大小则为 16×16 的点阵，选好后单击“确定”按钮。

② 在图 5-23(a)中，单击“其他选项”图标，弹出如图 5-24 所示的界面，这里可以设置取模方式、字节的顺序等，一般采用默认。单击“确定”按钮返回。

③ 在图 5-23(a)中，单击 文字输入区，在“文字输入区”输入所需的文字，如输入程序中需要的“航”字，按下 Ctrl＋Enter 组合键，文字字模将显示在界面上，如图 5-25 所示。

④ 在图 5-25 中，切换到“取模方式”，这里有两种取模方式：如果用 C 语言编程，那么图 5-24 字模提取 V2.2 CopyLeft By Horse 2000 软件中，就选用 C51 格式，如果用汇编语言编程，那么就选 A51 格式。这里以 C51 格式为例，可在点阵生成区生成所需字模，如图 5-26 所示。在图 5-26 的界面中单击 点阵生成区，就可以看到“信”字所对应的 16×16 的点阵，然后将该界面中 C51 格式的 32 字节的十六进制数字复制到 5-5.c 对应的数组中，见 5-5.c 程序。

```
uc code xin [ ] =           //信
{0x00,0x80,0x60,0xF8,0x07,0x00,0x04,0x24,0x24,0x25,0x26,0x24,0x24,0x24,0x04,0x00,
0x01,0x00,0x00,0xFF,0x00,0x00,0x00,0xF9,0x49,0x49,0x49,0x49,0x49,0xF9,0x00,0x00};
```

(4) 程序中的按键子函数 key(void)采用中断方式编写，这与硬件电路的连接是一致的。在图 5-22 所示的硬件电路中只要有按键按下(从高电平变为低电平)，就会通过 U4 (AND_5)5 输入与门输出，接单片机的 P3.3(外部中断 1)引脚产生中断请求信号(从高电平变为低电平)，单片机的 CPU 只要接到中断请求信号，就会进入按键的中断程序，判断是哪个按键按下，然后跳转到相应的功能程序，执行相应的功能。

(5) 由于硬件电路中的步进电动机采用半步励磁(1-2 相励磁)驱动方式，电动机的正转和反转是按照表 5-8 的顺序执行的，因此步进电动机的控制子函数 ground(step_index)是根据表 5-8 的顺序编写的。

4. Proteus 的硬件仿真测试

在图 5-22 的电路原理图中再添加一个虚拟示波器，方法如下：单击 Proteus ISIS 工具栏上的图标，在预览窗口选择 OSCILLOSCOPE 示波器并单击，将 OSCILLOSCOPE 放到图 5-22 中的空白位置，将 OSCILLOSCOPE 示波器中 A、B、C、D 四个测试端分别与图 5-22 中元件 U3 的引脚 1～4 连接起来。然后将 Keil 软件中编译正确后生成的.hex 添加到 AT89C51 单片机的属性中，在图 5-22 中单击 Proteus ISIS 界面的运行按钮，调整虚拟示波器的水平扫描旋钮至 20ms，先按正转按钮再按加速按钮，就可以看到如图 5-27 所示的仿真结果。

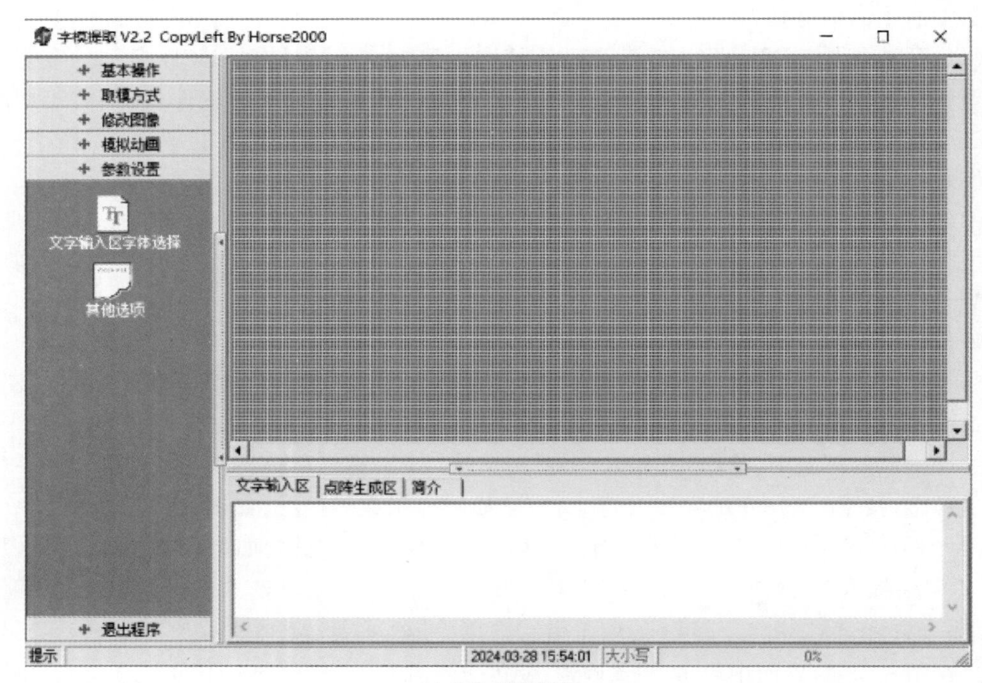

(a) 参数设置界面

(b) 文字输入区字体选择界面

图 5-23 字模提取 V2.2 CopyLeft By Horse 2000 软件中字体的大小设置界面

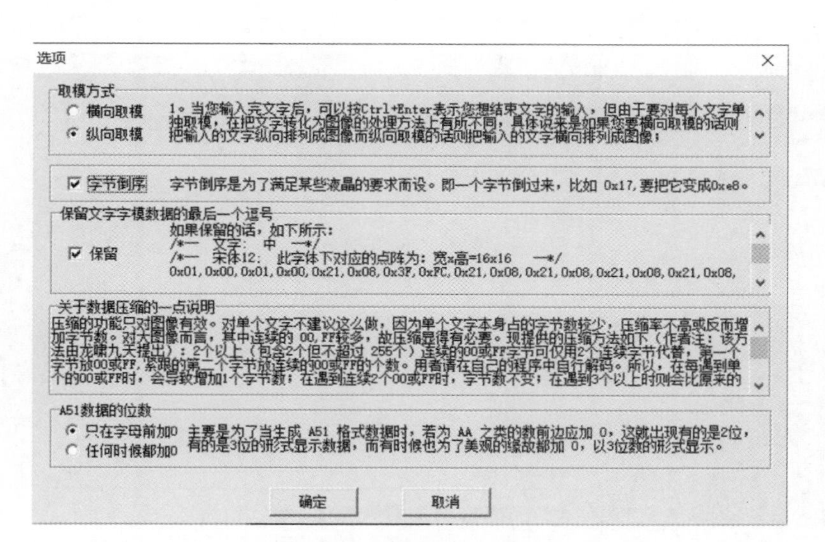

图 5-24 “其他选项”设置界面

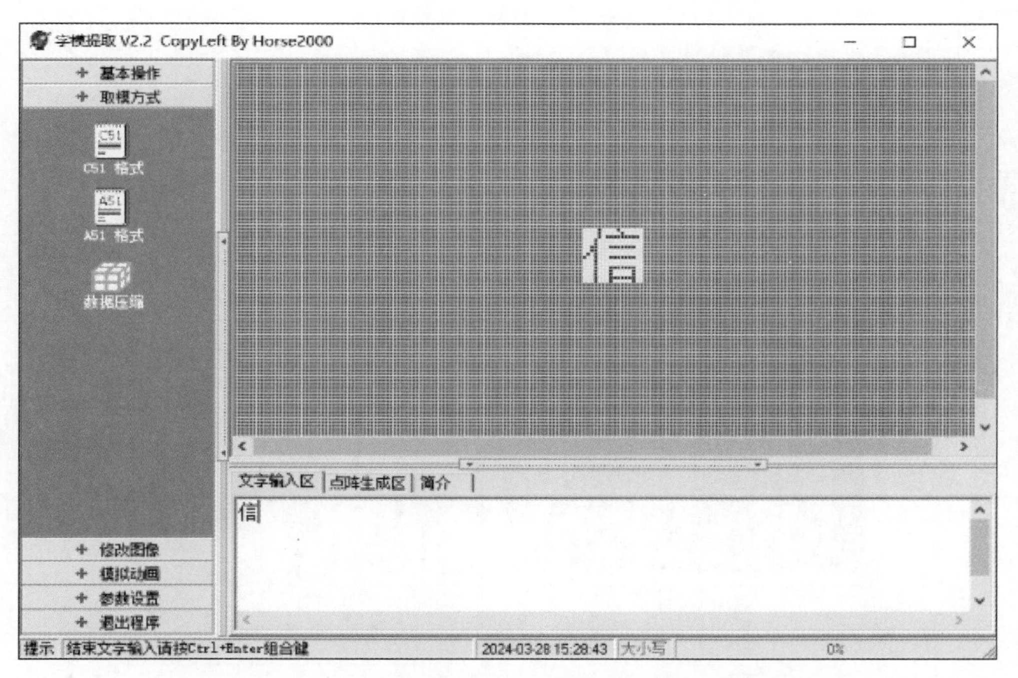

图 5-25 在 V2.2 CopyLeft By Horse 2000 软件中输入“信”字界面

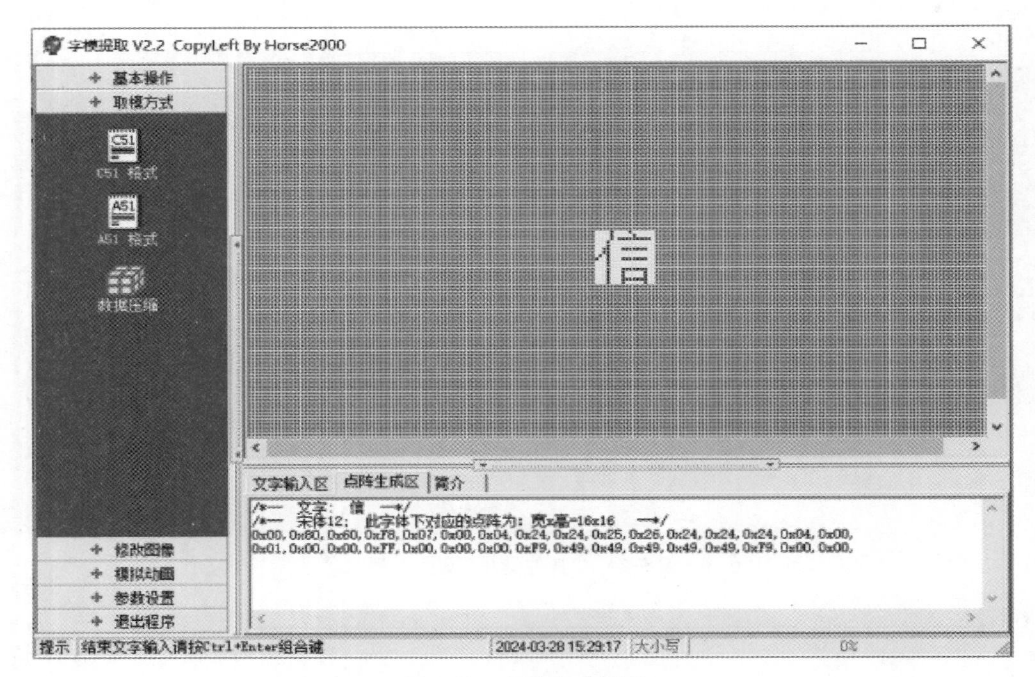

图 5-26　点阵生成界面

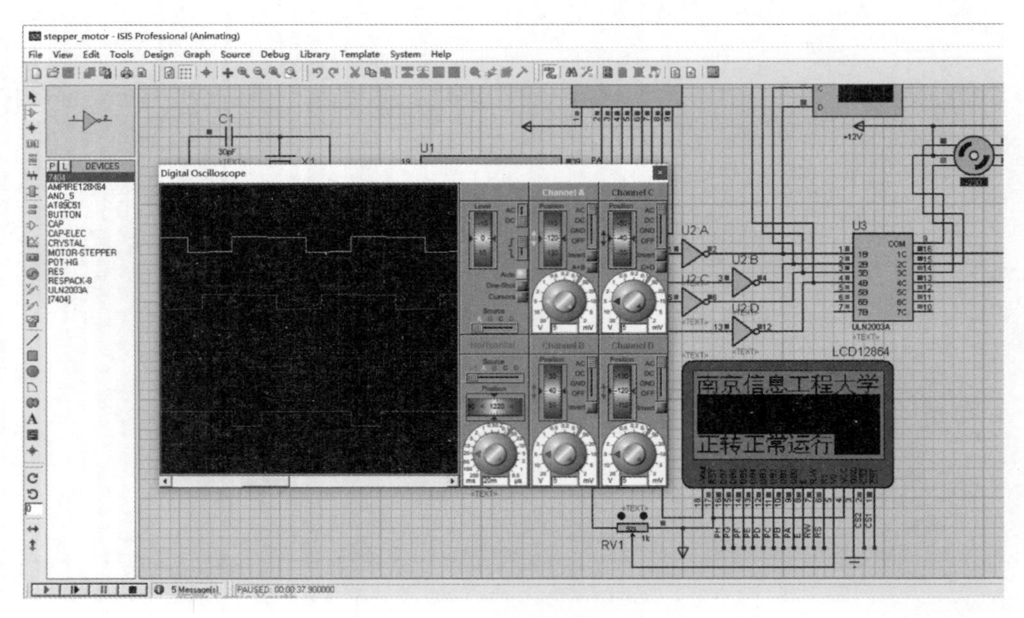

图 5-27　步进电动机仿真结果

本章小结

本章介绍了 LED 数码管、键盘接口处理及消抖问题，以及 LCD 液晶显示器。

在 LED 数码管中，发光二极管的公共端有两种不同的连接方法——共阴极接法和共阳极接法。根据 LED 显示器被点亮的方式的不同，LED 显示器有两种方式——静态显示方式和动态显示方式。

键盘消抖的方法一般有硬件和软件两种；键盘扫描方式分为编程扫描方式、定时器中断方式和外部中断方式。

常见的液晶显示器有七段式 LCD 显示器、点阵式字符型 LCD 显示器和点阵式图形 LCD 显示器。

思考题与习题

5-1 何为键抖动？键抖动对键位识别有什么影响？怎样消除键抖动？

5-2 简述对矩阵键盘的扫描过程。

5-3 共阴极数码管与共阳极数码管有何区别？

5-4 简述 LED 动态显示过程。

5-5 试编写一个用查表法，查 0～9 字形七段码(假设表的首地址为 TABLE)的子程序；在调用子程序前，待查表的数据存放在累加器 A 中，子程序返回后，查表的结果也存放在累加器 A 中。

第6章 MCS-51 单片机的中断系统

CHAPTER 6

视频讲解

中断技术是计算机中的重要技术之一。计算机引入中断技术以后，一方面可以实时处理控制现场瞬时发生的事情，提高计算机处理故障的能力；另一方面，可以解决 CPU 和外设之间的速度匹配问题，提高 CPU 的效率。有了中断，计算机的工作更加灵活、效率更高。本章将介绍中断的概念，并以 MCS-51 单片机的中断系统为例介绍中断的处理过程及应用。

6.1 中断的概念

6.1.1 中断

计算机暂时中止正在执行的主程序，转去执行中断服务程序，并在中断服务程序执行完了之后能自动回到原主程序处继续执行，这个过程叫作“中断”。

中断需要解决两个主要问题：一是如何从主程序转到中断服务程序；二是如何从中断服务程序返回主程序。

大体来说，采用中断系统改善了计算机的性能，主要表现在以下几个方面。

(1) 有效地解决了快速 CPU 与慢速外设之间的矛盾，可使 CPU 与外设并行工作，大大提高了工作效率。

(2) 可以及时处理控制系统中许多随机产生的参数与信息，即计算机具有实时处理的能力，从而提高了控制系统的性能。

(3) 使系统具备了处理故障的能力，提高了系统自身的可靠性。

6.1.2 中断源

中断源是指在计算机系统中向 CPU 发出中断请求的来源，中断可以人为设定，也可以是为响应突发性随机事件而设置。中断源通常有 I/O 设备、实时控制系统中的随机参数和信息故障源等。

6.1.3 中断优先级

中断优先级越高，则响应优先权就越高。如果当 CPU 正在执行中断服务程序时，又有中断优先级更高的中断申请产生，那么 CPU 就会暂停当前的中断服务转而处理高级中断申请,待高级中断处理程序完毕再返回原中断程序断点处继续执行,这一过程称为中断嵌套。

6.1.4 中断响应的过程

(1) 在每条指令结束后,系统都自动检测中断请求信号,如果有中断请求,且 CPU 处于开中断状态下,则响应中断。

(2) 保护现场,在保护现场前,一般要关中断,以防止现场被破坏。保护现场一般是用堆栈指令将原程序中用到的寄存器推入堆栈。

(3) 中断服务,即为相应的中断源服务。

(4) 恢复现场,用堆栈指令将保护在堆栈中的数据弹出来,在恢复现场前要关中断,以防止现场被破坏,在恢复现场后应及时开中断。

(5) 返回,此时 CPU 将推入到堆栈的断点地址弹回到程序计数器,从而使 CPU 继续执行刚才被中断的程序。

6.2 MCS-51 中断系统的结构

MCS-51 单片机的中断系统由与中断有关的特殊功能寄存器、中断入口、顺序查询逻辑电路组成,其内部结构框图如图 6-1 所示。

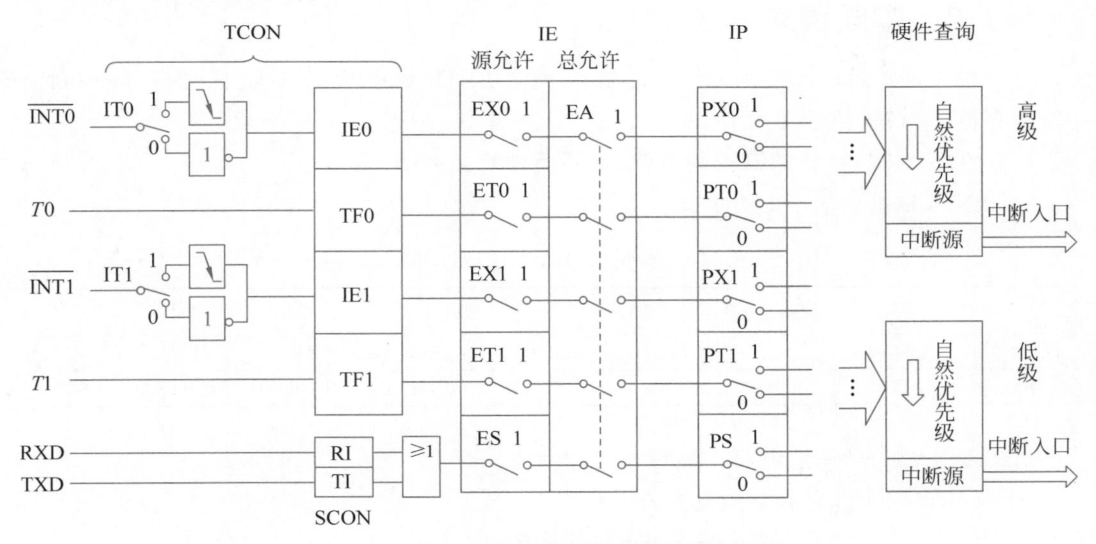

图 6-1 MCS-51 中断系统的内部框图

在单片机中,为了实现中断功能而配置的软件和硬件,称为中断系统。中断系统的处理过程包括中断请求、中断响应、中断处理和中断返回,它包括 5 个中断请求源,4 个用于中断控制和管理的可编程和可位寻址的特殊功能寄存器(中断请求源标志寄存器 TCON 及 SCON,中断允许控制寄存器 IE 和中断优先级控制寄存器 IP),并提供两个中断优先级,可实现二级中断嵌套,且每一个中断源可编程为开放或屏蔽。

6.3 中断请求源

6.3.1 中断请求源及相关的特殊功能寄存器 TCON 和 SCON

所谓中断源，就是引起中断的原因或发出中断请求的中断来源。在 51 子系列中有 5 个中断源。

(1) $\overline{\text{INT0}}$。可由 IT0(TCON.0)选择其为低电平有效还是下降沿有效。当 CPU 检测到 P3.2 引脚上出现有效的中断信号时，中断标志 IE0(TCON.1)置 1，向 CPU 申请中断。

(2) $\overline{\text{INT1}}$。可由 IT1(TCON.2)选择其为低电平有效还是下降沿有效。当 CPU 检测到 P3.3 引脚上出现有效的中断信号时，中断标志 IE1(TCON.3)置 1，向 CPU 申请中断。

(3) TF0(TCON.5)，片内定时器/计数器 T0 溢出中断请求标志。当定时器/计数器 T0 发生溢出时，置位 TF0，并向 CPU 申请中断。

(4) TF1(TCON.7)，片内定时器/计数器 T1 溢出中断请求标志。当定时器/计数器 T1 发生溢出时，置位 TF1，并向 CPU 申请中断。

(5) RI(SCON.0)或 TI(SCON.1)，串口中断请求标志。当串口接收完一帧串行数据时置位 RI 或当串口发送完一帧串行数据时置位 TI，向 CPU 申请中断。

6.3.2 中断请求标志

每一个中断源都有一个中断请求标志位来反映中断请求状态，这些标志位分布在特殊功能寄存器 TCON 和 SCON 中。

1. TCON 为定时/计数器控制寄存器，字节地址为 88H

TCON 位地址如表 6-1 所示。

表 6-1 TCON 位地址

位	D7	D6	D5	D4	D3	D2	D1	D0
TCON	TF1		TF0		IE1	IT1	IE0	IT0
位地址	8FH		8DH		8BH	8AH	89H	88H

IT0(TCON.0)，外部中断 0 触发方式控制位。

- 当 IT0=0 时，为电平触发方式。
- 当 IT0=1 时，为边沿触发方式(下降沿有效)。

IE0(TCON.1)，外部中断 0 中断请求标志位。

IT1(TCON.2)，外部中断 1 触发方式控制位。

IE1(TCON.3)，外部中断 1 中断请求标志位。

TF0(TCON.5)，定时器/计数器 T0 溢出中断请求标志位。

TF1(TCON.7)，定时器/计数器 T1 溢出中断请求标志位。

2. SCON 串口控制寄存器，字节地址为 98H

SCON 位地址如表 6-2 所示。

表 6-2 SCON 位地址

位	D7	D6	D5	D4	D3	D2	D1	D0
SCON							TI	RI
位地址							99H	98H

RI(SCON.0),串口接收中断标志位。当允许串口接收数据时,每接收完一个串帧,硬件置位 RI。CPU 响应中断时,不能自动清除 RI,RI 必须由软件清除。

TI(SCON.1),串口发送中断标志位。当 CPU 将一个发送数据写入串口发送缓冲器时,就启动了发送过程。每发送完一个串帧,硬件置位 TI。CPU 响应中断时,不能自动清除 TI,TI 必须由软件清除。

6.4 中断控制

6.4.1 中断允许寄存器 IE

MCS-51 对中断源的开放或屏蔽是由中断允许寄存器 IE 控制的,如表 6-3 所示,IE 的字节地址为 0A8H,可以按位寻址,当单片机复位时,IE 被清 0。通过对 IE 的各位置 1 或清 0 操作,实现开放或屏蔽某个中断。

表 6-3 中断允许寄存器 IE

位地址	AFH	AEH	ADH	ACH	ABH	AAH	A9H	A8H
位定义	EA			ES	ET1	EX1	ET0	EX0

EA：总中断允许控制位。当 EA＝0 时,屏蔽所有的中断；当 EA＝1 时,开放所有的中断。

ES：串口中断允许控制位。当 ES＝0 时,屏蔽串口中断；当 ES＝1 且 EA＝1 时,开放串口中断。

ET1：定时器/计数器 T1 的中断允许控制位。当 ET1＝0 时,屏蔽 T1 的溢出中断；当 ET1＝1 且 EA＝1 时,开放 T1 的溢出中断。

EX1：外部中断 1 的中断允许控制位。当 EX1＝0 时,屏蔽外部中断 1 的中断；当 EX1＝1 且 EA＝1 时,开放外部中断 1 的中断。

ET0：定时器/计数器 T0 的中断允许控制位。功能与 ET1 相同。

EX0：外部中断 0 的中断允许控制位。功能与 EX1 相同。

MCS-51 复位以后,IE 被清 0,所有的中断请求被禁止。由用户程序对 IE 相应的位置 1 或清 0,即可允许或禁止各中断源的中断申请。改变 IE 的内容,既可由位操作指令来实现,也可用字节操作指令实现。

6.4.2 中断优先级寄存器 IP

在 MCS-51 内部提供了一个中断优先级控制寄存器(IP),如表 6-4 所示,其字节地址为 B8H,既可按字节形式访问,又可按位形式访问,其位地址范围为 0B8H～0BFH。

表 6-4　中断优先级寄存器 IP

位地址				BC	BB	BA	B9	B8
位定义				PS	PT1	PX1	PT0	PX0

1. PS：串口中断优先级控制位

PS=1,设定串口为高优先级；PS=0,设定串口为低优先级。

2. PT1：定时器 T1 中断优先级控制位

PT1=1,设定 T1 为高优先级；PT1=0,设定 T1 为低优先级。

3. PX1：外部中断 1 中断优先级控制位

PX1=1,设定外部中断 1 为高优先级；PX1= 0,设定外部中断 1 为低优先级。

4. PT0：定时器 T0 中断优先级控制位

PT0=1,设定 T0 为高优先级；PT0=0,设定 T0 为低优先级。

5. PX0：外部中断 0 中断优先级控制位

PX0=1,设定外部中断 0 为高优先级；PX0=0,设定外部中断 0 为低优先级。

如图 6-2 所示,在同时收到几个同一优先级的中断请求时,中断请求是否能优先得到响应,取决于内部查询次序,这相当于在同一个优先级内,还同时存在按次序决定的第二优先级。

中断源	中断标志位	同级内优先级
外部中断0	IE0	最高
T0溢出中断	TF0	↓
外部中断1	IE1	↓
T1溢出中断	TF1	↓
串口中断	RI或TI	最低

图 6-2　优先级比较

视频讲解

6.5　中断响应的条件、过程及时间

6.5.1　中断响应的条件

一个中断源的中断请求被响应,需满足以下条件：

(1) 该中断源发出请求(中断允许寄存器 IE 相应位置 1)。

(2) CPU 开中断(即中断允许位 EA=1)。

(3) 无同级或高级中断正在服务。

(4) 现行指令执行到最后一个机器周期且已结束。

(5) 若现行指令为 RETI 或需访问特殊功能寄存器 IE 或 IP 的指令时,执行完该指令且紧随其后的另一条指令也已执行完。

单片机便在紧接着的下一个机器周期的 S1 期间响应中断,否则中断响应被封锁。

6.5.2 中断响应过程

单片机一旦响应中断请求，就由硬件完成以下功能：

(1) 根据响应的中断源的中断优先级，使相应的优先级状态触发器置1。

(2) 执行硬件中断服务子程序调用，并把当前程序计数器PC的内容压入堆栈。

(3) 清除相应的中断请求标志位(串口中断请求标志RI和TI除外)。

(4) 将被响应的中断源所对应的中断服务程序的入口地址(中断向量)送入PC，从而转入相应的中断服务程序。

由表6-5可知，两个中断入口间只间隔8字节，一般难以放下一个完整的中断服务程序。因此，通常在中断入口地址处放一条无条件转移指令，使程序执行转向在其他地址存放的中断服务程序。

表6-5 中断入口地址

中断源	入口地址
外部中断0	0003H
定时器T0中断	000BH
外部中断1	0013H
定时器T1中断	001BH
串口中断	0023H

CPU从上面相应的地址开始执行中断服务程序直到遇到一条RETI指令为止，RETI指令表示中断服务程序的结束。

CPU执行该指令，一方面清除中断响应时所置位的优先级有效触发器，另一方面从堆栈栈顶弹出断点地址送入程序计数器PC，从而返回主程序。若用户在中断服务程序的开始处安排了保护现场指令(一般均为相应寄存器内容入栈或更换工作寄存器区)，则在RETI指令前应有恢复现场指令(相应寄存器内容出栈或更换原工作寄存器区)。

6.5.3 中断响应时间

所谓中断响应时间，是指从查询中断请求标志位到转入中断服务程序入口地址所需的机器周期数(对单一中断源而言)。

响应中断最短需要3个机器周期。若CPU查询中断请求标志的周期正好是执行1条指令的最后1个机器周期，则不需等待就可以响应。而响应中断执行1条长调用指令LCALL需要2个机器周期，加上查询的1个机器周期，共需要3个机器周期才开始执行中断服务程序。最长为8个机器周期，若CPU查询中断请求标志时，刚好开始执行RETI或访问IE或IP的指令，则需要把当前指令执行完再继续执行下一条指令。

6.5.4 中断请求的撤除

CPU响应中断请求后，在中断返回前，必须撤除请求，否则会错误地再一次引起中断过程。

(1) 对于定时器T0与T1的中断请求及边沿触发方式的外部中断0和1来说，CPU在响应中断后用硬件清除了相应的中断请求标志位TF0、TF1、IE0与IE1，即自动撤除了中断请求。

(2) 对于串口中断请求，应该用软件将标志位清0。

(3) 对于电平触发方式的外部中断0和1来说，CPU在响应中断后用硬件自动清除了相应的中断请求标志位IE0与IE1，但外部触发电平必须外加电路来清除。

中断程序设计的基本任务有下列几项。

(1) 设置中断允许寄存器IE。

(2) 设置中断优先级寄存器IP。

(3) 若是外部中断源，还应设置中断请求触发方式IT。

(4) 编写中断服务程序，处理中断请求。

前3条是对中断系统进行初始化，一般放在主程序的初始化程序端中。

本章小结

8051单片机共有5个中断源，其中3个内部中断源，2个外部中断源。每个中断源在程序存储器中都有相应的中断向量，作为中断服务程序的入口地址。

中断系统的5个中断源可设置成两个优先级，即高优先级和低优先级。高优先级中断可以打断低优先级中断，而同级中断或低级中断不能对高级中断形成嵌套。

5个中断标志在寄存器TCON和SCON中，TCON中有6位与中断有关。

TMOD用来控制定时器的工作方式，不可位寻址，TCON控制定时器的启动和停止，定时器信号溢出中断。

思考题与习题

6-1 什么是中断、中断允许和中断屏蔽？

6-2 简述MCS-51系列单片机的中断响应过程。

6-3 8051有几个中断源？中断请求如何提出？

6-4 在8051的中断源中，哪些中断请求信号在中断响应时可以自动清除？哪些不能自动清除？应如何处理？

6-5 8051的中断优先级有几级？在形成中断嵌套时各级有何规定？

6-6 8051单片机有5个中断源，但只能设置两个中断优先级，因此，在中断优先级安排上受到一定的限制。问：以下几种中断优先级顺序的安排(级别由高到低)是否可能？如可能，则应如何设置中断源的中断级别？否则，请叙述不可能的理由。

(1) Timer0，定时器1，外中断0，外中断1，串口中断。

(2) 串口中断，外中断0，Timer0，外中断1，定时器1。

(3) 外中断0，定时器1，外中断1，Timer0，串口中断。

(4) 外中断0，外中断1，串口中断，Timer0，定时器1。

(5) 串口中断，Timer0，外中断0，外中断1，定时器1。

(6) 外中断0，外中断1，Timer0，串口中断，定时器1。

(7) 外中断0，定时器1，Timer0，外中断1，串口中断。

6-7 MCS-51单片机如果扩展6个中断源，可采用哪些方法？如何确定它们的优先级？

第7章 CHAPTER 7 MCS-51单片机的定时器/计数器

定时和计数是两项重要的功能，在实际的应用控制系统中应用十分普遍。常见的定时器/计数器专用芯片有8253、8254等，基于应用的需要和方便，许多系列的单片机本身都带有定时器和计数器，即定时器/计数器T0和定时器/计数器T1，它们都具有定时和计数的功能，并且有4种工作方式可供选择。在单片机内部有两个专用寄存器(TMOD、TCON)用来存放控制定时器/计数器工作的相关参数，如工作方式、定时计数选择、溢出标志、触发方式等。下面介绍MCS-51系列单片机的定时器/计数器。

7.1 定时计数概念

7.1.1 计数概念

同学们选班长时，要投票，然后统计选票，常用的方法是画“正”，每个“正”字5画，代表5票，最后统计“正”字的个数即可，这就是计数。单片机有两个定时器/计数器T0和T1，都可对外部输入脉冲计数。

我们用一个瓶子盛水，水一滴滴地滴入瓶中，水滴不断落下，瓶的容量是有限的，过一段时间之后，水就会滴满瓶子，再滴就会溢出。单片机中的计数器也一样有容量，T0和T1这两个计数器分别是由两个8位的RAM单元组成的，即每个计数器都是16位的计数器，最大的计数量是65 536。

7.1.2 定时

一个钟表，秒针走60次，就是1分钟，所以时间就转化为秒针走的次数，也就是计数的次数，可见，计数的次数和时间有关。只要计数脉冲的间隔相等，则计数值就代表了时间，即可实现定时。秒针每次走动的时间是1秒，秒针走60次，就是60秒，即1分钟。

因此，单片机中的定时器和计数器是一个东西，只不过计数器记录的是外界发生的事情，而定时器则是由单片机提供一个非常稳定的计数源。

7.1.3 溢出

水滴满瓶子后，再滴就会溢出。单片机计数器溢出后将使得TF0变为1，一旦TF0由0变成1，就会引发事件，就会申请中断。

视频讲解

7.2 定时器/计数器的结构

7.2.1 总体结构

定时器/计数器 T0 和 T1 的结构如图 7-1 所示。它由加法计数器、工作方式寄存器 TMOD、控制寄存器 TCON 等组成，内部通过总线与 CPU 相连。

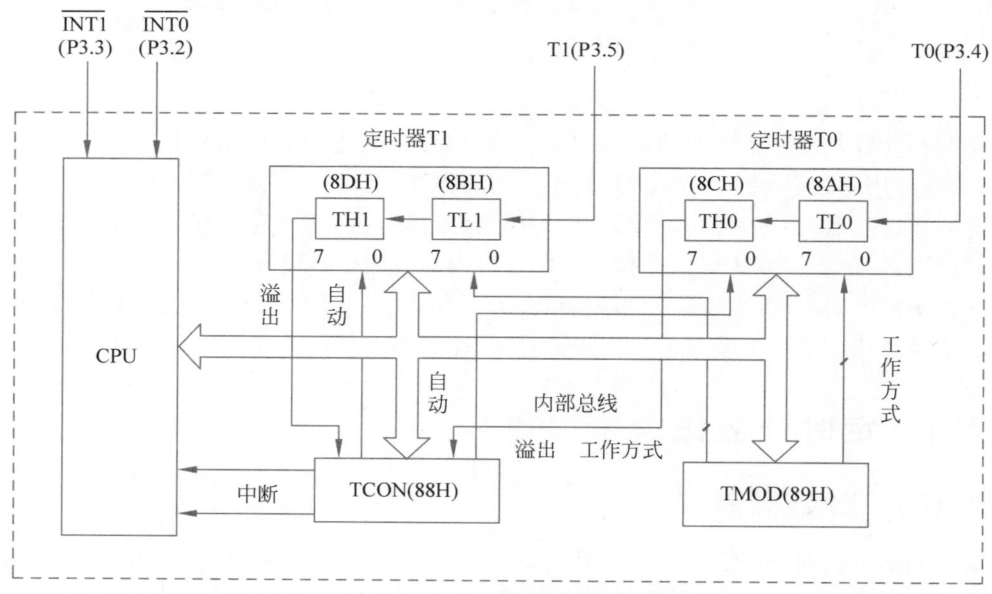

图 7-1 MCS-51 单片机计数器结构图

定时器/计数器的核心是 16 位加法计数器，图中定时器/计数器 T0 的加法计数器用特殊功能寄存器 TH0 和 TL0 表示，TH0 表示加法计数器的高 8 位，TL0 表示加法计数器的低 8 位。TH1 和 TL1 则分别表示定时器/计数器 T1 的加法计数器的高 8 位和低 8 位。每个定时器内部结构实际上就是一个可编程的加法计数器，通过编程来设置它工作在定时状态还是计数状态。

16 位加法计数器的输入端每输入一个脉冲，16 位加法计数器的值就自动加 1。当计数器的计数值超过加法计数器字长所能表示的二进制数的范围而向第 17 位进位时，计数溢出，置位定时中断请求标志，向 CPU 申请中断。

16 位加法计数器编程选择对内部时钟脉冲进行计数或对外部输入脉冲计数。对内部脉冲计数时称为定时方式，对外部脉冲计数时称为计数方式。

7.2.2 工作方式寄存器 TMOD 及控制寄存器 TCON

工作方式寄存器 TMOD，用于设置定时器的工作模式和工作方式。控制寄存器 TCON，用于启动和停止定时器的计数，并控制定时器的状态。

单片机复位时，两个寄存器的所有位都被清 0。

1. TMOD 用于控制 T0 和 T1 的工作方式

如图 7-2 所示，图 7-1 中的 TMOD(89H)，8 位分为两组，高 4 位控制 T1，低 4 位控制 T0。

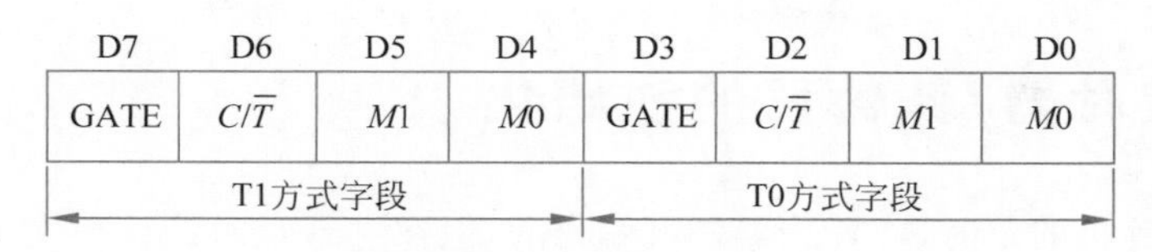

图 7-2 TMOD(89H)

各位功能如下：

GATE——门控位，用来决定是由软件还是硬件启动/停止计数。当 GATE=1 时，计数器的启停受 TRx（x 为 0 或 1，下同）和外部引脚外部中断的双重控制，只有两者都是 1 时，定时器才能开始工作。控制 T0 运行，控制 T1 运行。当 GATE=0 时，计数器的启停只受 TRx 控制，$\overline{T}$ 不受外部中断输入信号的控制。

$M1$、$M0$——工作方式选择位，如表 7-1 所示。

表 7-1 工作方式选择位

$M1$	$M0$	工作方式
0	0	方式 0，13 位定时器/计数器
0	1	方式 1，16 位定时器/计数器
1	0	方式 2，8 位常数自动重新装载
1	1	方式 3，仅适用于 T0

$C/\overline{T}$——计数器模式和定时器模式选择位。$C/\overline{T}=0$，设置为定时器工作方式；$C/\overline{T}=1$，设置为计数器工作方式。

需要注意的是，TMOD 不能位寻址，只能按字节操作设置工作方式。

2. 控制寄存器 TCON 用于控制定时器的启动和停止

TCON(88H)各位名称如表 7-2 所示，其中高 4 位用于定时器/计数器，低 4 位用于单片机的外部中断，低 4 位会在外部中断相关内容中介绍。TCON 支持位操作。

表 7-2 TCON(88H)

TCON	D7	D6	D5	D4	D3	D2	D1	D0
位名称	TF1	TR1	TF0	TR0	IE1	IT1	IE0	IT0

各位功能如下：

TF1——定时器 1 溢出标志，T1 溢出时由硬件置 1，并申请中断，CPU 响应中断后，又由硬件清 0，TF1 也可由软件清 0。

TF0——Timer0 溢出标志，功能与 TF1 相同。

TR1——定时器 1 运行控制位，可由软件置 1（或清零）来启动（或停止）T1。

TR0——Timer0 运行控制位，功能与 TR1 相同。

IE1——外部中断 1 请求标志。

IE0——外部中断 0 请求标志。

IT1——外部中断 1 触发方式选择位。

IT0——外部中断 0 触发方式选择位。

7.3 定时器/计数器的初始化

MCS-51 单片机的定时器/计数器是可编程的，但在进行定时或计数之前要对程序进行初始化，具体步骤如下。

(1) 对 TMOD 赋值，以确定定时器的工作模式。

(2) 置定时器/计数器初值，直接将初值写入寄存器的 TH0、TL0 或 TH1、TL1。

(3) 根据需要，对 IE 置初值，开放定时器中断。

(4) 对 TCON 寄存器中的 TR0 或 TR1 置位，启动定时器/计数器，置位以后，计数器即按规定的工作模式和初值进行计数或开始定时。

初值计算：设计数器的最大值为 M，则置入的初值 X 为

$$X = M - \text{计数值}$$

定时方式：由 $(M-X)T=$ 定时值，得 $X=M-$ 定时值$/T$（T 为计数周期，是单片机的机器周期）。

视频讲解

7.4 定时器/计数器的 4 种工作方式

7.4.1 工作方式 0，13 位计数器

以 T0 为例说明工作方式 0 的具体控制，T0 工作于方式 0 时的逻辑框图，如图 7-3 所示。

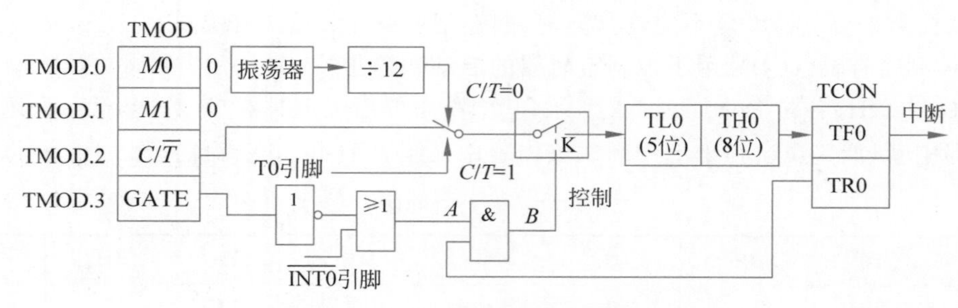

图 7-3 方式 0 计数器的逻辑结构图

在这种工作方式下，16 位的计数器(TH0 和 TL0)只用了 13 位构成 13 位定时器/计数器(为了与 MCS-48 兼容)。TL0 的高 3 位未用，当 TL0 的低 5 位计满时，向 TH0 进位，而 TH0 溢出后对中断标志位 TF0 置 1，并申请中断。T0 是否溢出可用软件查询 TF0 是否为 1。

$C/\overline{T}=0$ 时，多路开关打到上位，定时器/计数器的输入端接内部振荡器的 12 分频，即工作在定时方式，每个计数脉冲的周期等于机器周期，当定时器/计数器溢出时，其定时时间为：

$$T = \text{计数次数} \times \text{机器周期} = (2^{13} - \text{T0 初值}) \times \text{机器周期}$$

$C/\overline{T}=1$ 时，多路开关打到下位，定时器/计数器接外部 T0 引脚输入信号，即工作在计数方式。当外部输入信号电平发生从 1 到 0 跳变时，加 1 计数器加 1。

7.4.2 工作方式 1,16 位计数器

当 $M1$、$M0$ 为 01 时，定时器/计数器工作于方式 1。方式 1 与方式 0 差不多，不同的是方式 1 的计数器为 16 位，由高 8 位 THx 和低 8 位 TLx 构成。定时器 T0 工作于方式 1 时的逻辑框图如图 7-4 所示。方式 1 的具体工作过程和工作控制方式与方式 0 类似。

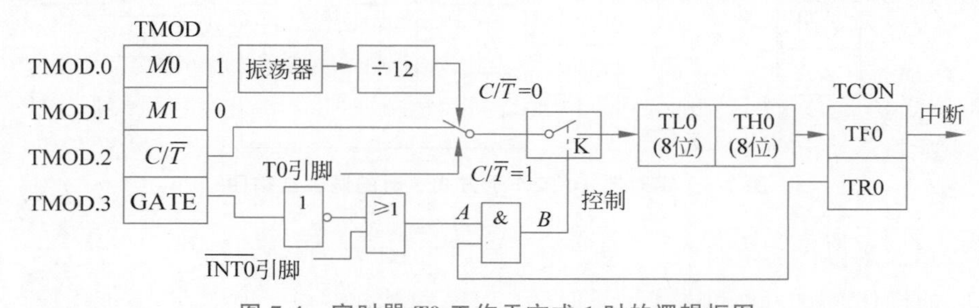

图 7-4 定时器 T0 工作于方式 1 时的逻辑框图

$$T = 计数次数 \times 机器周期 = (2^{16} - T0\ 初值) \times 机器周期$$

7.4.3 工作方式 2,8 位自动重装初值计数器

当 $M1$、$M0$ 为 10 时，定时器/计数器工作在方式 2。方式 2 为定时器/计数器工作状态。TLx 计满溢出后，会自动预置或重新装入 THx 寄存的数据。TLi 为 8 位计数器，THi 为常数缓冲器。当 TLi 计满溢出时，使溢出标志 TFi 置 1。同时将 THi 中的 8 位数据常数自动重新装入 TLi 中，使 TLi 从初值开始重新计数。定时器 T0 工作于方式 2 时的逻辑结构图如图 7-5 所示。

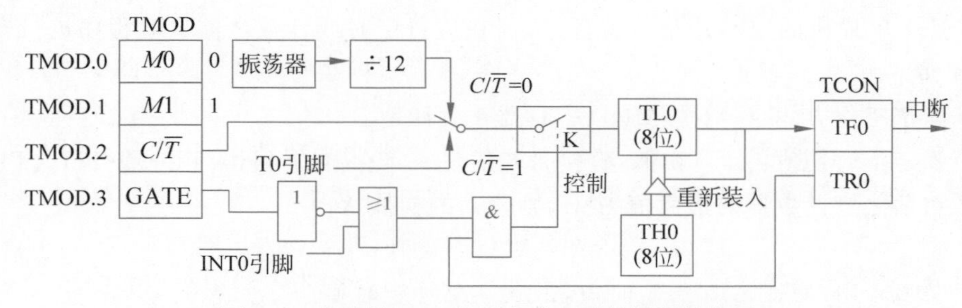

图 7-5 定时器 T0 工作于方式 2 时的逻辑结构图

这种工作方式可以省去用户软件重装常数的程序，简化定时常数的计算方法，可以实现相对比较精确的定时控制。方式 2 常用于定时控制。如希望得到 1s 的延时，若采用 12MHz 的振荡器，则计数脉冲周期即机器周期为 1μs，如果设定 TL0＝06H，TH0＝06H，$C/T=0$，TLi 计满刚好 200μs，那么中断 5000 次就能实现。另外，方式 2 还可用作串口的波特率发生器。

7.4.4 工作方式 3，两个独立 8 位计数器

当 $M1$、$M0$ 为 11 时，定时器工作于方式 3。方式 3 只适用于 T0，当 T0 工作在方式 3 时，TH0 和 TL0 分为两个独立的 8 位定时器，可使 51 系列单片机具有 3 个定时器/计数器，

定时器 T0 工作于方式 3 时的逻辑结构图如图 7-6 所示。

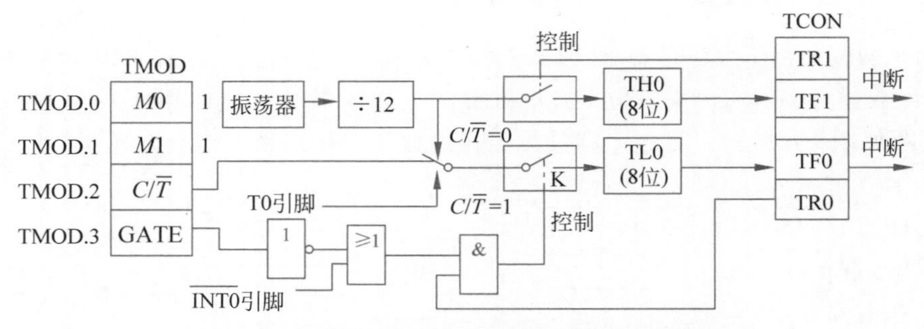

图 7-6 定时器 T0 工作于方式 3 时的逻辑结构图

此时，TL0 可以作为定时器/计数器用。使用 T0 本身的状态控制位 C/T、GATE、TR0 和 TF0，它的操作与方式 0 和方式 1 类似，但 TH0 只能作 8 位定时器用，不能用作计数器方式，TH0 的控制占用 T1 的中断资源 TR1、TF1 和 T1 的中断资源。在这种情况下，T1 可以设置为方式 0～2，此时定时器 T1 只有两个控制条件，即 C/T、$M1M0$，只要设置好初值，T1 就能自动启动和计数。

在 T1 的控制字 $M1$、$M0$ 定义为 11 时，它就停止工作。通常，当 T1 用作串口波特率发生器或用于不需要中断控制的场合，T0 才定义为方式 3，目的是让单片机内部多出一个 8 位的计数器。

视频讲解

7.5 定时器的编程示例

MCS-51 单片机的定时器是可编程的，但在进行定时或计数之前要对程序进行初始化，具体步骤如下。

(1) 确定工作方式字：对 TMOD 寄存器正确赋值。

(2) 确定定时初值：计算初值，直接将初值写入寄存器的 TH0、TL0 或 TH1、TL1。

初值计算：设计数器的最大值为 M，则置入的初值 X 为

$$X=M-\text{计数值}$$

定时方式：由 $(M-X)T=$定时值，得 $X=M-$定时值$/T$。

T 为计数周期，是单片机的机器周期(模式 0 M 为 213，模式 1 M 为 216，模式 2 和 3 M 为 28)。

(3) 根据需要，对 IE 置初值，开放定时器中断。

(4) 启动定时/计数器，对 TCON 寄存器中的 TR0 或 TR1 置位，置位以后，计数器即按规定的工作模式和初值进行计数或开始定时。

【例 7-1】 在定时器方式下，若 $f_{osc}=12\text{MHz}$，一个机器周期为 $12/f_{osc}=1\mu s$，则定时器最大定隔时间是多少？

方式 0，13 位定时器最大定隔时间 $=2^{13}\times 1\mu s=8.192\text{ms}$；

方式 1，16 位定时器最大定隔时间 $=2^{16}\times 1\mu s=65.536\text{ms}$；

方式 2，8 位定时器最大定隔时间 $=2^{8}\times 1\mu s=256\mu s$。

【例 7-2】 设单片机的 f_{osc}=12MHz,要求在 P1.0 脚上输出周期为 2ms 的方波,写出查询方式程序。

```
#include <reg51.h>
sbit P1_0 = P1^0; void main(void)
{ TMOD = 0x01; TR0 = 1;
for(; ; )
{TH0 = - 1000/256;
TL0 = - 1000 % 256;
do {} while(!TF0);
P1_0 = !P1_0;
TF0 = 0;
}
}
```

【例 7-3】 设单片机的 f_{osc}=6MHz,要求在 P1.7 脚上的指示灯亮一秒灭一秒。

```
void main(void)
{P1_7 = 0; P1_0 = 1;
TMOD = 0x61;
TH0 = - 50000/256;
TL0 = - 50000 % 256;
TH1 = - 5; TL1 =  - 5;
IP = 0x08;
EA = 1; ET0 = 1;
ET1 = 1; TR0 = 1;
TR1 = 1;
for (; ; ){}
}
#include
sbit P1_0 = P1^0;
sbit P1_7 = P1^7;
void timer0() interrupt 1 using 1
{P1_0 = !P1_0;
TH0 = - 50000/256;
TL0 = - 50000 % 256;
}
void timer1() interrupt3 using 2{P1_7 = !P1_7; }
```

本章小结

8051 单片机共有两个 16 位定时器/计数器 T0 和 T1,它们主要由 TH0、TL0、TH1、TL1、TMOD 和 TCON 几个专用寄存器组成。所谓可编程,就是通过软件设置定时器/计数器的工作方式,实现操作功能。

定时器/计数器 T0 和 T1 共有 4 种工作方式,在方式 0 中,TH0(TH1)存放 13 位数的高 8 位,TL0(TL1)存放 13 位数的低 5 位,为 13 位定时器/计数器。方式 1 为 16 位定时器/计数器。方式 2 具有自动重装初值的功能。方式 3 为 T0 独有,TL0 可作为 8 位定时计数器,TH0 只用作简单定时。

思考题与习题

7-1　MCS-51单片机的定时器/计数器有哪几种工作方式？各有什么特点？

7-2　MCS-51定时器作定时和计数时其计数脉冲分别由谁提供？

7-3　8051单片机内部有几个定时器/计数器？它们由哪些功能寄存器组成？怎样实现定时功能和计数功能？

7-4　设振荡频率为6MHz，如果用定时器/计数器T0产生周期为10ms的方波，可以选择哪几种方式？其初值分别设为多少？

7-5　当T0设为工作方式3时，由于TR1位已被TH0占用，如何控制定时器T1的启动和关闭？

7-6　已知8051单片机的$f_{OSC}=6MHz$，请利用T0和P1.2输出长形波。其长形波高电平宽50μs，低电平宽300μs。

7-7　已知8051单片机的$f_{OSC}=12MHz$，用T1定时，试编程由P1.2和P1.3分别输出周期为2ms和500μs的方波。

第 8 章

CHAPTER 8

MCS-51 与 D/A 转换器、A/D 转换器接口设计

A/D 转换是将模拟量变换为数字量,D/A 转换则是将数字量变换为模拟量。在数据采集系统中,外界的被采集信号例如温度、流量等常常是模拟信号,而单片机能处理的只能是数字信号,所以在将采集数据送单片机系统处理前,必须进行 A/D 转换。单片机对数据进行处理后,送出控制信号。但是现场的控制元器件往往只能接收模拟信号,所以必须进行 D/A 转换。本章主要介绍 A/D 和 D/A 转换的原理和方法。

8.1 MCS-51 与 DAC 的接口

8.1.1 D/A 转换器概述

D/A 转换器输入为数字量,输出为模拟量。

送到 DAC 的各位二进制数按其权的大小转换为相应的模拟分量,再把各模拟分量叠加,其和就是 D/A 转换的结果。

需要注意的是,D/A 转换器的输出形式以及内部是否带有锁存器。

输出形式分为电压输出形式与电流输出形式。例如,电流输出的 D/A 转换器,如需模拟电压输出,可在其输出端加一个 I-V 转换电路。

D/A 转换需要一定时间,这段时间内输入端的数字量应稳定,为此应在数字量输入端之前设置锁存器,以提供数据锁存功能。根据芯片内是否带有锁存器,可分为内部无锁存器的和内部有锁存器的两类。

8.1.2 主要技术指标

1. 分辨率

输入给 DAC 的单位数字量变化引起的模拟量输出的变化,通常定义为最小模拟输出量与最大量之比。显然,二进制位数越多,分辨率越高,根据对 DAC 分辨率的需要,来选定 DAC 的位数。

2. 建立时间

描述 DAC 转换快慢的参数,表明转换速度。

定义:从输入数字量到输出达到终值误差(1/2)LSB(最低有效位)时所需的时间。电流输出时间较短,电压输出的,加上 I-V 转换的时间,因此建立时间要长一些。快速 DAC 可达 1s 以下。

3. 精度

理想情况下,精度与分辨率基本一致,位数越多,精度越高。但由于电源电压、参考电

压、电阻等各种因素存在着误差，精度与分辨率并不完全一致。位数相同，分辨率则相同，但相同位数的不同转换器精度会有所不同。例如，某型号的 8 位 DAC 精度为 0.19%，另一型号的 8 位 DAC 精度为 0.05%。

8.1.3 MCS-51 与 8 位 DAC0832 的接口

1. DAC0832 芯片介绍

DAC0832 为美国国家半导体公司产品，具有两个输入数据寄存器的 8 位 DAC，能直接与 MCS-51 单片机相连。分辨率为 8 位，电流输出，稳定时间为 1s，可双缓冲输入、单缓冲输入或直接数字输入，单一电源供电（+5～+15V）。

2. DAC0832 的引脚及逻辑结构

图 8-1 和图 8-2 分别是 DAC0832 引脚图和逻辑结构图。

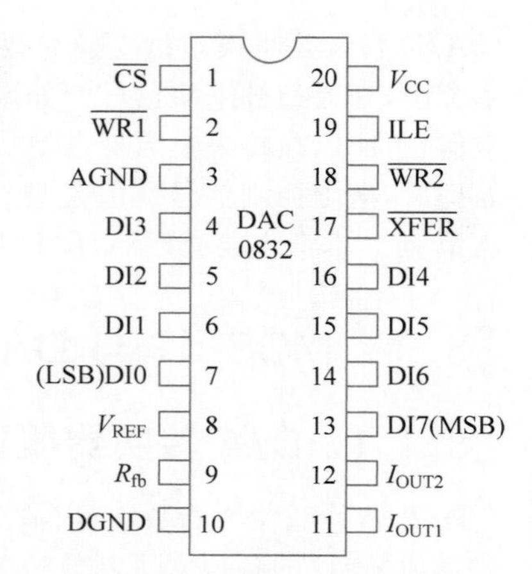

图 8-1 DAC0832 的引脚图

引脚功能如下。

DI0～DI7：8 位数字信号输入端。

$\overline{\text{CS}}$：片选信号输入端，低电平有效。

ILE：数据锁存允许控制端，高电平有效。

$\overline{\text{WR1}}$：输入寄存器写选通控制端。当 $\overline{\text{CS}}=0$、ILE=1、$\overline{\text{WR1}}=0$ 时，数据信号被锁存在输入寄存器中。

$\overline{\text{XFER}}$：数据传送控制。

$\overline{\text{WR2}}$：DAC 寄存器写选通控制端。当 $\overline{\text{XFER}}=0$，$\overline{\text{WR2}}=0$ 时，输入寄存器状态传入 DAC 寄存器中。

I_{OUT1}：电流输出 1 端，输入数字量全为 1 时，I_{OUT1} 最大，输入数字量全为 0 时，I_{OUT1} 最小。

I_{OUT2}：D/A 转换器电流输出 2 端，$I_{\text{OUT2}}+I_{\text{OUT1}}=$ 常数。

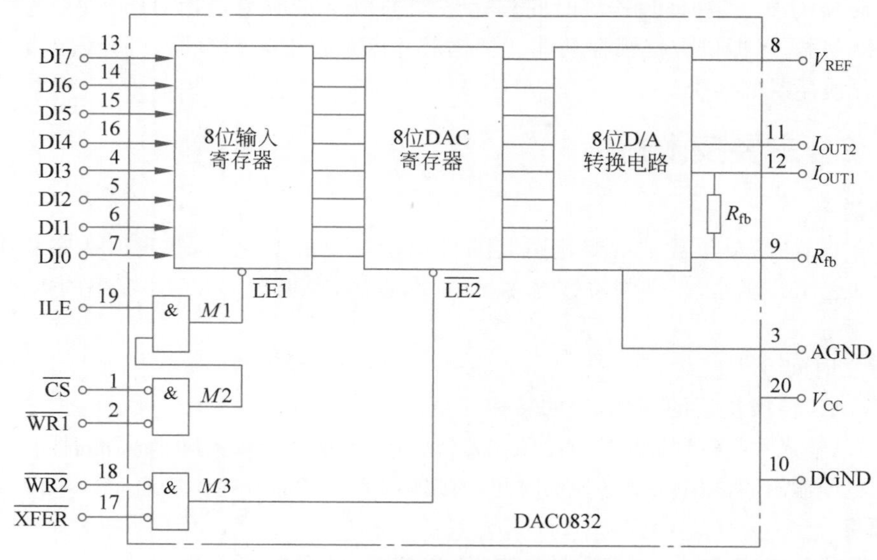

图 8-2 DAC0832 的逻辑结构图

R_{fb}：外部反馈信号输入端，内部已有反馈电阻 R_{fb}，根据需要也可外接反馈电阻。

V_{CC}：电源输入端，+5～+15V。

DGND：数字信号地。

AGND：模拟信号地。

8 位输入寄存器用于存放 CPU 送来的数字量，使输入数字量得到缓冲和锁存，由 $\overline{LE1}$ 控制；8 位 DAC 寄存器存放待转换的数字量，由 $\overline{LE2}$ 控制；8 位 DAC 寄存器存放待转换的数字量，由 $\overline{LE2}$ 控制。

3. MCS-51 与 DAC0832 的接口电路

1）单缓冲方式

DAC0832 的两个数据缓冲器一个处于直通方式，另一个处于受控的锁存方式。

在不要求多路输出同步的情况下，可采用单缓冲方式。单缓冲方式的接口如图 8-3 所示。

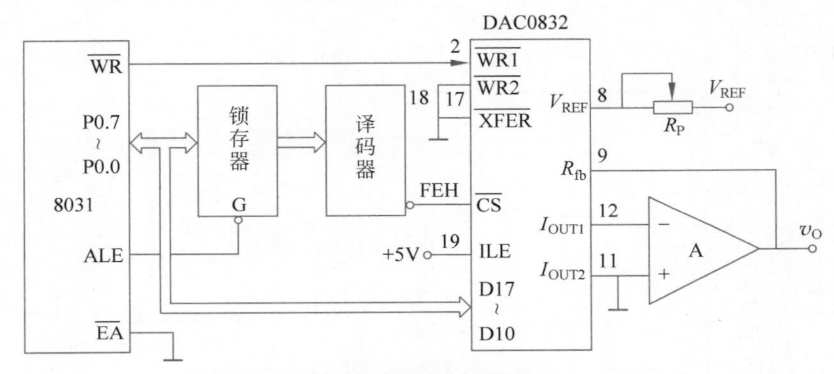

图 8-3　单缓冲方式的接口

如图 8-4 所示为 8 位 DAC 寄存器，$\overline{WR2}$ 和 $\overline{XFER}$ 接地，故 DAC0832 的“8 位 DAC 寄存器”处于直通方式。“8 位输入寄存器”受 $\overline{CS}$ 和 $\overline{WR1}$ 端控制，且由译码器输出端 FEH 送来(也可由 P2 口的某一根口线来控制)。

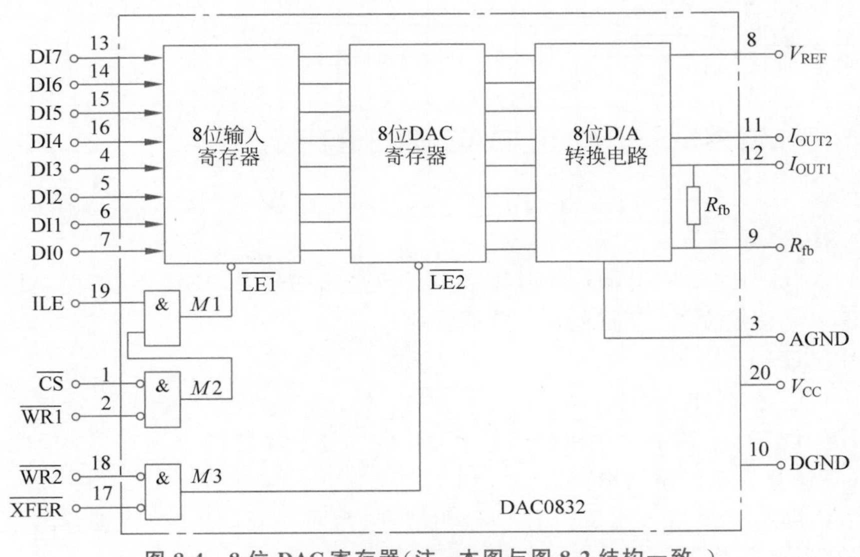

图 8-4　8 位 DAC 寄存器(注：本图与图 8-2 结构一致。)

2）双缓冲方式

多路同步输出，必须采用双缓冲同步方式，接口电路如图 8-5 所示。

1 号 DAC0832 因和译码器 FDH 相连，占有两个端口地址 FDH 和 FFH；2 号 DAC0832 的两个端口地址为 FEH 和 FFH。其中，FDH 和 FEH 分别为 1 号和 2 号 DAC0832 的数字量输入控制端口地址，而 FFH 为启动 D/A 转换的端口地址。

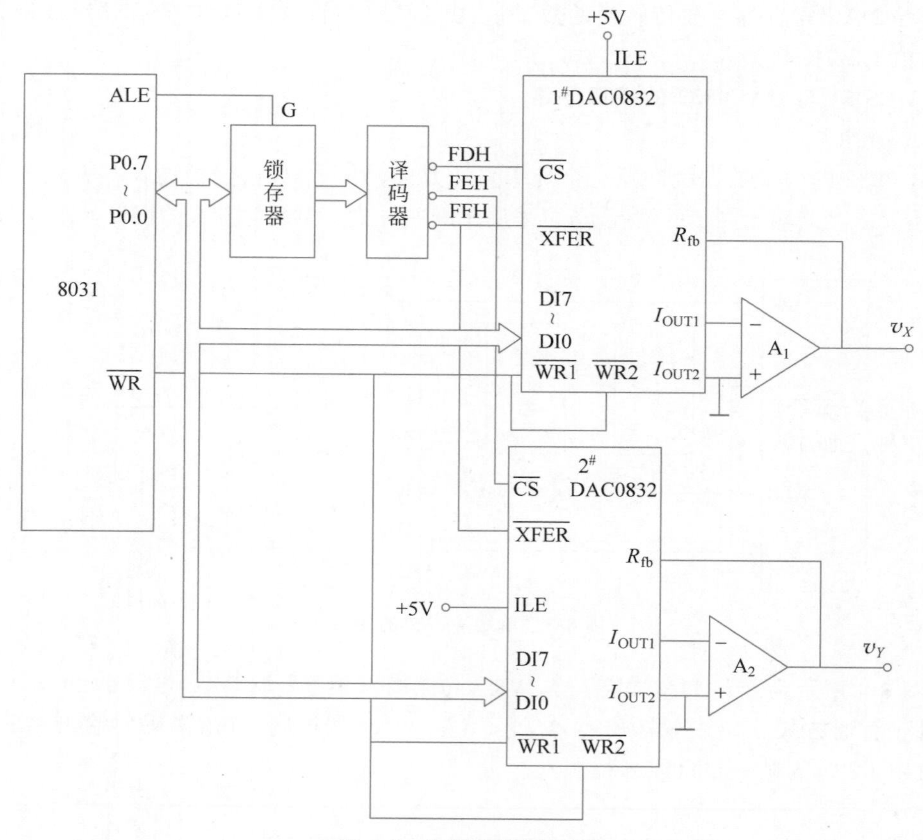

图 8-5　双缓冲接口电路

8.1.4　MCS-51 与 12 位 DAC1208 的接口

8 位 DAC 分辨率不够，可采用 12 位 DAC，接口电路如 8-6 所示。常用的有 DAC1208 系列与 DAC1230 系列。

DAC1208 系列的结构引脚：双缓冲结构。不是用一个 12 位锁存器，而是用一个 8 位锁存器和一个 4 位锁存器，以便和 8 位数据线相连。

$\overline{\text{CS}}$：片选信号。

$\overline{\text{WR1}}$：写信号，低电平有效。

BYTE1/$\overline{\text{BYTE2}}$：字节顺序控制信号。1 开启 8 位和 4 位两个锁存器，将 12 位全部打入锁存器；0 仅开启 4 位输入锁存器。

$\overline{\text{WR2}}$：辅助写。该信号与 $\overline{\text{XFER}}$ 信号相结合，当同为低电平时，将锁存器中的数据送入 DAC 寄存器：当为高电平时，DAC 寄存器中的数据被锁存起来。

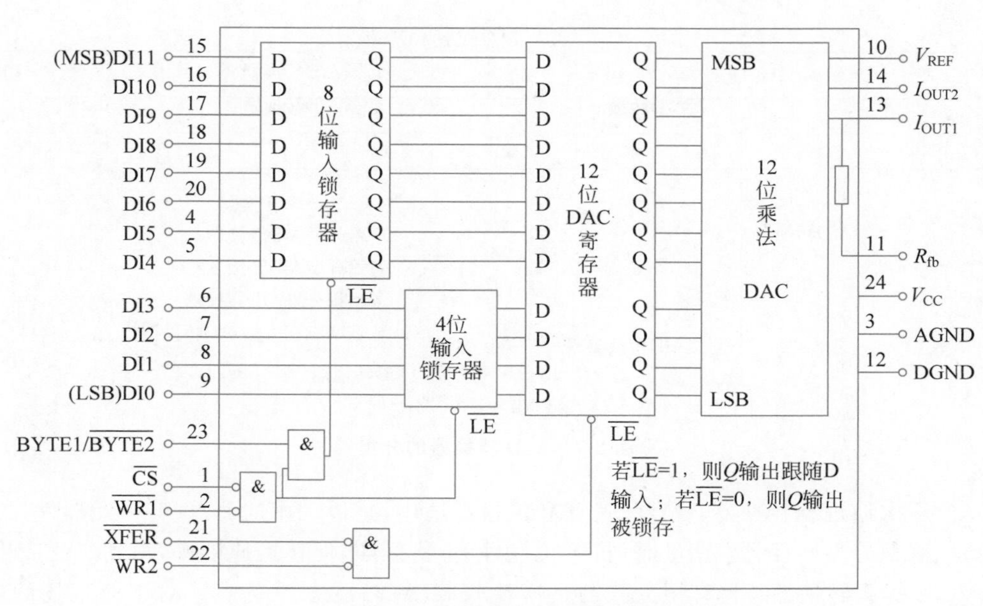

图 8-6 12 位 DAC1208 接口电路

$\overline{\text{XFER}}$：传送控制信号，与 $\overline{\text{WR2}}$ 信号结合，将输入锁存器中的 12 位数据送入 DAC 寄存器。

DI0～DI11：12 位数据输入。

I_{OUT1}：D/A 转换电流输出 1。当 DAC 寄存器全 1 时，输出电流最大，全 0 时输出电流为 0。

I_{OUT2}：D/A 转换电流输出 2。$I_{OUT1}+I_{OUT2}=$常数。

R_{fb}：反馈电阻输入。

V_{REF}：参考电压输入。

V_{CC}：电源电压。

DGND、AGND：数字地和模拟地。

主要特性如下：

(1) 输出电流稳定时间(1s)。

(2) 基准电压(VREF＝－10～＋10V)。

(3) 单工作电源(＋5～＋15V)。

(4) 低功耗(20mW)。

8.2 MCS-51 与 ADC 的接口

8.2.1 A/D 转换器概述

随着超大规模集成电路技术的飞速发展，大量结构不同、性能各异的 A/D 转换芯片应运而生。模拟量转换成数字量，便于计算机进行处理。A/D 转换器的分类如图 8-7 所示。

目前使用较广泛的有逐次逼近型转换器、双积分型转换器、Σ-Δ 型转换器和 V/F 转换器。

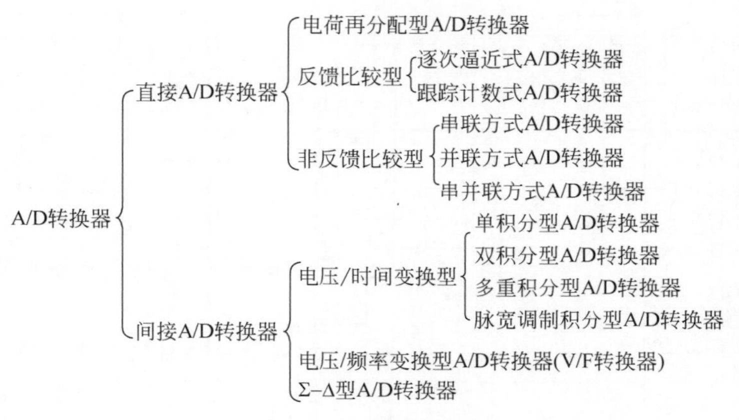

图 8-7 A/D 转换器的分类

(1) 逐次逼近型转换器：精度、速度和价格都适中，是最常用的 A/D 转换元器件。

(2) 双积分型转换器：精度高、抗干扰性好、价格低廉，但转换速度慢，得到广泛应用。

(3) Σ-Δ 型转换器：具有积分式与逐次比较式 ADC 的双重优点。对工业现场的串模干扰具有较强的抑制能力，不亚于双积分 ADC，但比双积分 ADC 的转换速度快，与逐次比较式 ADC 相比，有较高的信噪比、分辨率高、线性度好，不需采样保持电路。

(4) V/F 转换器：适于转换速度要求不太高、远距离信号传输。

A/D 转换器的主要技术指标如下。

1. 转换时间和转换速率

完成一次转换所需要的时间。转换时间的倒数为转换速率。并行式：20～50ns，速率为 50～20M 次/秒($1M=10^6$)；逐次比较式：0.4s，速率为 2.5M 次/秒。

2. 分辨率

用输出二进制位数或 BCD 码位数表示。

3. 转换精度

定义为一个实际 ADC 与一个理想 ADC 在量化值上的差值，可用绝对误差或相对误差表示。

A/D 转换器的选择：按输出代码的有效位数分 8 位、10 位、12 位等；按转换速度分为超高速(≤1ns)、高速(≤1s)、中速(≤1ms)、低速(≤1s)等。

A/D 转换器位数的确定传感器变换精度、信号预处理电路精度、A/D 转换器及输出电路和控制机构精度，还包括软件控制算法。

A/D 转换器的位数至少要比系统总精度要求的最低分辨率高 1 位，位数应与其他环节所能达到的精度相适应。还需注意的是，直流和变化非常缓慢的信号可不用采样保持器。其他情况都要加采样保持器。根据分辨率、转换时间、信号带宽关系，是否要加采样保持器：如果是 8 位 ADC，转换时间 100ms，无采样保持器，信号的允许频率是 0.12Hz；如果是 12 位 ADC，则该频率为 0.0077Hz。

工作电压选择使用单一+5V 工作电压的芯片，与单片机系统共用一个电源就比较方便。

基准电压源是提供给 A/D 转换器在转换时所需要的参考电压，在要求较高精度时，基准电压要单独用高精度稳压电源供给。

8.2.2 MCS-51 与 ADC0809(逐次比较型)的接口

逐次比较式 8 路模拟输入、8 位输出的 A/D 转换器,结构如图 8-8 所示。

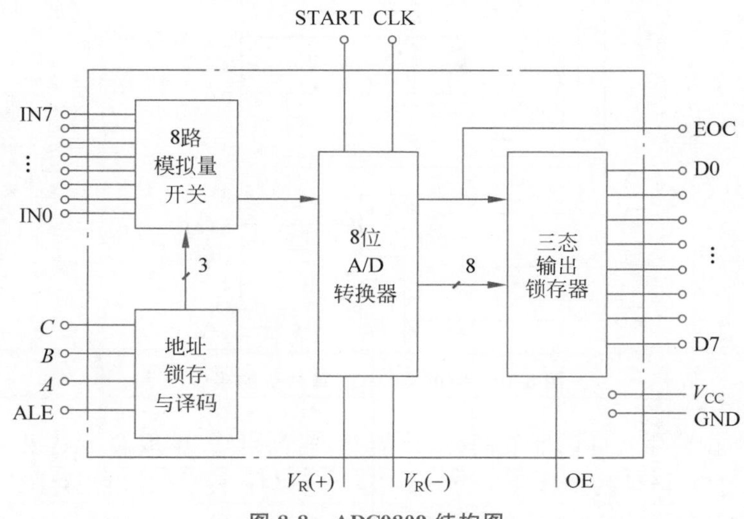

图 8-8 ADC0809 结构图

引脚图如图 8-9 所示。

IN0～IN7：8 路模拟信号输入端。

D0～D7：8 位数字量输出端。

C、B、A：控制 8 路模拟通道的切换,C、B、A = 000～111 分别对应 IN0～IN7 通道。

OE、START、CLK：控制信号端,OE 为输出允许端,START 为启动信号输入端,CLK 为时钟信号输入端。

$V_R(+)$和 $V_R(-)$：参考电压输入端。

单片机如何来控制 ADC?

首先用指令选择 0809 的一个模拟输入通道,单片机的 $\overline{WR}$ 信号生效时,产生一个启动信号给 0809 的 START 脚,启动 A/D 转换。

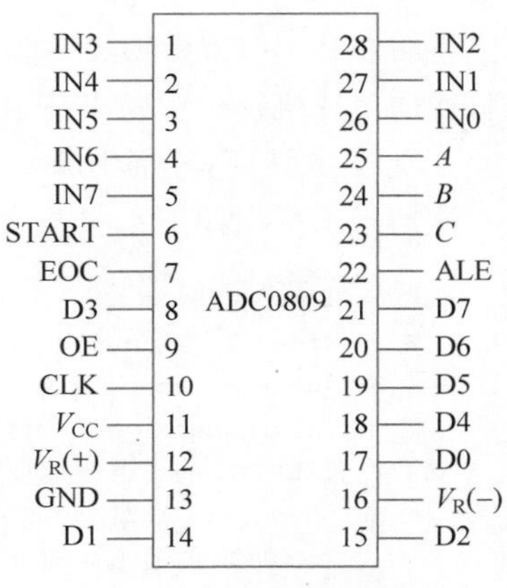

图 8-9 ADC0809 引脚图

转换结束后,0809 发出转换结束信号,该信号可供查询,也可向单片机发出中断请求；单片机发出 $\overline{RD}$ 信号时,OE 端为高电平,三态输出锁存器输出转换完毕的数据。

1. 查询方式

0809 与 8031 单片机的接口如图 8-10 所示。

ALE 脚的输出频率为 1MHz,(时钟频率为 6MHz),经 D 触发器二分频为 500kHz 时钟信号。0809 输出三态锁存,8 位数据输出引脚可直接与数据总线相连。引脚 C、B、A 分别与地址总线 $A2$、$A1$、$A0$ 相连,选通 IN0～IN7 中的一个。P2.7($A15$)作为片选信号,在启动 A/D 转换时,由 $\overline{WR}$ 和 P2.7 控制 ADC 的地址锁存和转换启动,由于 ALE 和 START 连在

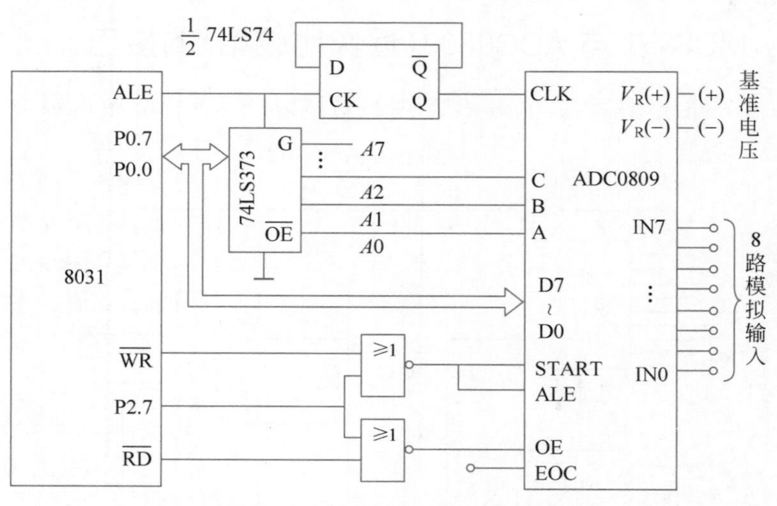

图 8-10　0809 与 8031 单片机的接口

一起，因此 0809 在锁存通道地址的同时，启动并进行转换。读取转换结果，用 $\overline{RD}$ 信号和 P2.7 脚经或非门后，产生的正脉冲作为 OE 信号，用以打开三态输出锁存器。

对 8 路模拟信号轮流采样一次，采用软件延时的方式，并依次把结果存储到数据存储区。

2. 中断方式

将图 8-10 中 EOC 脚经一非门连接到 8031 的 $\overline{INT1}$ 脚即可。转换结束时，EOC 发出一个脉冲向单片机提出中断申请，单片机响应中断请求，在中断服务程序读 A/D 结果，并启动 0809 的下一次转换，外部中断 1 采用跳沿触发。

数据采集程序如下：

```
  # include < absacc.h >
  # include < reg51.h >
  # define uchar unsigned char
  # define uint unsigned int
  // 设置 AD0809 的通道 7 地址
  # define ad_in7 XBYTE [ 0x7fff ]
  // 设置 AD0809 的通道 7 地址
  # define res DBYTE [ 0x7f ]
  # define NUM 8                    //采样次数 = 8
    bit ad_over;                    // 即 EOC 状态
  // 采样中断
  void int0_service() interrupt 0 using 1
      {  ad_over = 1; }
void main(void)
{     int i; uint sum; uchar data a[num];
       ad_over = 0; EX0 = 1; IT0 = 1; EA = 1;
L1: i = 0; sum = 0;
        ad_in7 = 0;                 //启动 A/D 转换
       while (i < NUM);
         {  if (ad_over)            //等待转换结束
```

```
    { ad_over = 0;
      a[i] = ad_in7;
      sum = sum + a[i];
      i = i + 1;
      ad_in7 = i;                       //启动 A/D 转换
            }
      }
    res = (uchar)sum/NUM;
    goto L1;
}
```

8.3 DAC0832 波形发生器示例

DAC0832 用作波形发生器，写出产生锯齿波（见图 8-11）、三角波（见图 8-12）和矩形波（见图 8-13）的程序。

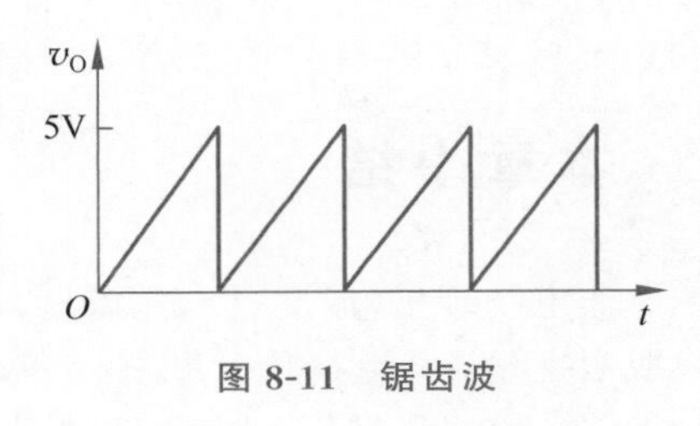

图 8-11 锯齿波

输入数字量从 0 开始，逐次加 1，为 FFH 时，加 1 则清 0，模拟输出又为 0，然后又循环，输出锯齿波。每一上升斜边分 256 个小台阶，每个小台阶暂留时间为执行后 3 条指令所需要的时间。

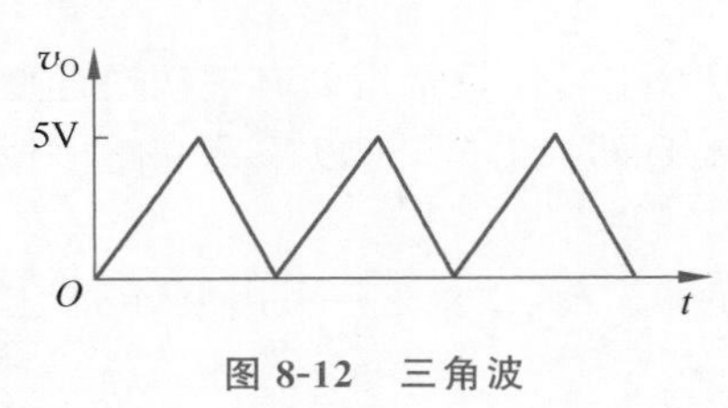

图 8-12 三角波

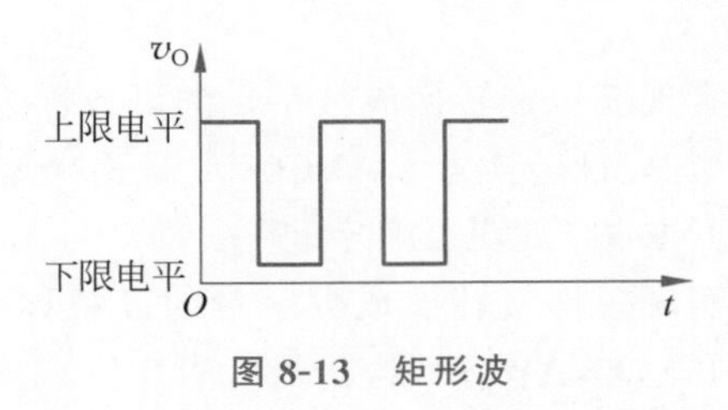

图 8-13 矩形波

具体程序如下。

```
#include <reg52.h>
#include <stdio.h>
#include <intrins.h>
#define uchar unsigned char
#define uint unsigned int
#define out P0
sbit fbo = P2^0;           //选择矩形波按钮
sbit jcbo = P2^1;          //选择锯齿波按钮
sbit sjbo = P2^2;          //选择三角波按钮
void anjsm();
void delay(uchar date)
{   uchar i,k;
    for(i = date; i > 0; i -- )
for(k = 50; k > 0; k -- );
}
```

```
void fbodate()             //方波子程序
{ while(1)
{ out = 0x00;
delay(5);
out = 0xff;
delay(5);
  anjsm();
 }
}
void jcbodate()            //锯齿波子程序
{   uchar h;
    while(1)
{
for(h = 0; h < 255; h++)
 {   out = h;
```

```
        anjsm();
      }
    }
}
void sjbodate()          //三角波子程序
{   uchar h;
    while(1)
{
for(h = 0; h < 255; h++)
{   out = h;
    anjsm();
}

for(h = 255; h > 0; h -- )
    { out = h;
    anjsm();
}
}
}
void anjsm()              //键盘扫描子程序
{   if(fbo == 0)fbodate();
if(jcbo == 0)jcbodate();
if(sjbo == 0)sjbodate();
 }
void main()
 {while(1)
 {anjsm(); }
```

本章小结

非电物理量(温度、压力、流量、速度等)，须经传感器转换成模拟电信号(电压或电流)转换成数字量，才能在单片机中处理。数字量也常常需要转换为模拟信号。A/D 转换器(ADC)：模拟量转换成数字量的元器件；D/A 转换器(DAC)：数字量转换成模拟量的元器件。

实现模拟量转换成数字量的设备称为模/数转换(A/D)，比较常用的有逐次逼近型和双积分型 A/D 转换器。ADC0809 是逐次逼近型 8 位 A/D 转换芯片，可以采集 8 路模拟量转换速度取决于芯片的时钟频率。

实现模拟量转换成数字量的设备称为 D/A 转换器。DAC0832 是采用 CMOS 工艺制造的 8 位 D/A 转换器，其精度为 8 位。

思考题与习题

8-1　简述 D/A 转换器的主要性能指标。

8-2　简述 A/D 转换器的类型及原理。

8-3　简述 A/D 转换器的主要性能指标。

8-4　简述逐次逼近型 A/D 转换器的工作过程。

第 9 章 串行通信技术

CHAPTER 9

串行通信是一种能把二进制数据按位传送的通信，故它所需传输线条数极少，特别适用于分级、分层和分布式控制系统以及远程通信中，是单片机之间、单片机与 PC 之间通信的主要方式。本章主要讨论 MCS-51 单片机串口及串口的结构和工作方式。

9.1

9.1

计算……的基本方式可分为并行通信和串行通信两种，并行通……上发送或接收，串行通信是数据的各位在同一条数据……

串行……步通信两种基本通信方式。

如图……以字符或字节为单位组成数据帧进行传送的。接收……的通信机构，由于收发数据的帧格式相同，因此可以相……

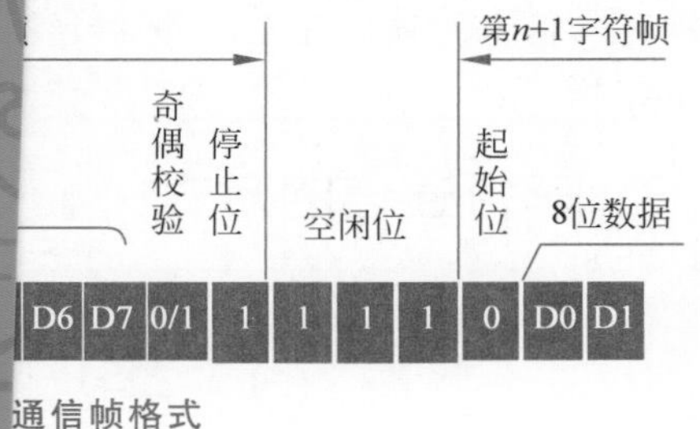

……通信帧格式

1. ……

在没……状态。当发送端要发送 1 个字符数据时，首先发送 1 个……的起始位。其作用是向接收端表示发送端开始发送……后，就准备接收数据信号。

2. ……

在起……)的是数据位，数据的位数没有严格的限制，5～8 位……

3. 奇偶校验位

数据位发送完(接收完)之后，可发送一位用来检验数据在传送过程中是否出错的奇偶校验位。奇偶校验是收发双方预先约定好的有限差错检验方式之一，有时也可不用奇偶校验。

4. 停止位

字符帧格式的最后部分是停止位，逻辑1电平有效，它可占1/2位、1位或2位。停止位表示传送一帧信息的结束，也为发送下一帧信息做好准备。

同步通信是一种连续传送数据的通信方式，一次通信传送多个字符数据，称为一帧信息。数据传输速率较高，通常可达56 000bps或更高。其缺点是要求发送时钟和接收时钟保持严格同步。

在物理结构上，通信双方除了通信的数据线外还增加了一个通信用的“时钟传输线clock”。由主控方提供时钟信号clock。

由于有了时钟信号来“同步”发送或接收操作，所以被传送的数据不再使用“起始位”和“停止位”，因而提高了传送速度。因此，同步通信常被用于系统内部各芯片之间的接口设计。由于同步通信多了一条“时钟线”，因此不太适合远距离的通信。

9.1.2 串行通信的波特率

在用异步通信方式进行通信时，发送端需要用时钟来决定每一位对应的时间长度，接收端需要用一个时钟来测定每一位的时间长度，前一个时钟称为发送时钟，后一个时钟称为接收时钟，这两个时钟的频率可以是位传输的16倍、32倍或者64倍。这个倍数称为波特率因子，而位传输率称为波特率。波特率的定义为每秒钟传送二进制数码的位数(比特数)，单位通常是bps，即位/秒。波特率是串行通信的重要指标，用于表征数据传输的速度，波特率越高，数据传输速度越快。例如，波特率为1200bps，是指每秒钟能传输1200位二进制数码。波特率的倒数即为每位数据传输时间。波特率也不同于发送时钟和接收时钟频率。同步通信的波特率和时钟频率相等，而异步通信的波特率通常是可变的。

波特率还与信道的频带有关，波特率越高，信道频带越宽。因此，波特率也是衡量通道频宽的重要指标。

9.1.3 串行通信的方式

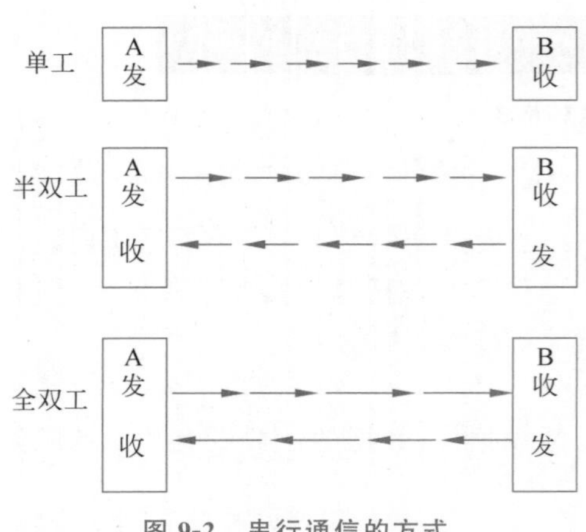

图 9-2 串行通信的方式

在串行通信中，数据是在两个站之间传送的。按照数据传送方向，串行通信的方式如图9-2所示，可分为单工、半双工和全双工3种方式。

单工方式：单工方式下，通信线的一端连接发送器，另一端连接接收器，它们形成单向连接，只允许数据按照一个固定的方向传送，即一方只能发送，而另一方只能接收，这种方式现在已很少使用。

半双工方式：在半双工方式下，系统中的每个通信设备都由一个发送器和一个接收器组成，通过开关接到通信线路上。半双工方式比单工方式灵活，但是它的效率依然不高，因为发送和接收两种方式之间的切换需要时间，重复线路切换将引起延迟累积。

全双工方式：在全双工方式下，A、B两站间有两个独立的通信回路，两站都可以同时发送和接收数据。因此，全双工方式下的A、B两站之间至少需要3条传输线：一条用于发送，一条用于接收，另一条用于接地。

9.1.4 串行通信的校验

串行通信的目的不只是传送数据信息，更重要的是应确保准确无误地传送。因此必须考虑在通信过程中对数据差错进行校验，因为差错校验是保证准确无误地通信的关键，常用差错校验方法有奇偶校验、累加和校验以及循环冗余码校验等。

1. 奇偶校验

奇偶校验的特点是按字符校验，即在发送每个字符数据之后都附加一位奇偶校验位(1或0)，当设置为奇校验时，数据中1的个数与校验位1的个数之和应为奇数；反之则为偶校验。收、发双方应具有一致的差错检验设置，当接收1帧字符时，对1的个数进行检验，若奇偶性(收、发双方)一致，则说明传输正确。奇偶校验只能检测到影响奇偶位数的错误，比较低级且速度慢，一般只用在异步通信中。

2. 累加和校验

累加和校验是指发送方将所发送的数据块求和，并将“校验和”附加到数据块末尾。接收方接收数据时也是先对数据块求和，将所得结果与发送方的“校验和”进行比较，若两者相同，表示传送正确，若不同则表示传送出了差错。“校验和”的加法运算可用逻辑加，也可用算术加。累加和校验的缺点是无法检验出字节或位序的错误。

3. 循环冗余码校验(CRC)

循环冗余码校验的基本原理是将一个数据块看作一个位数很长的二进制数，然后用一个特定的数去除它，将余数作校验码附在数据块之后一起发送。接收端收到该数据块和校验码后，进行同样的运算来校验传送是否出错。目前CRC已广泛用于数据存储和数据通信中，并在国际上形成规范，市面上已有不少现成的CRC软件算法。

9.2 串行接口

9.2.1 串口的工作方式

工作方式0：在方式0下，串口作为同步移位寄存器使用。这时用RXD(P3.0)引脚作为数据移位的入口和出口，而由TXD(P3.1)引脚提供移位脉冲。移位数据的发送和接收以8位为一帧，不设起始位和停止位，低位在前高位在后。

工作方式1：方式1是10位为一帧的异步串行通信方式，包括1个起始位、8个数据位和1个停止位。异步通信用起始位0表示字符的开始，然后从低位到高位逐位传送数据，最后用停止位1表示字符结束，一个字符又称一帧信息。

数据发送——方式1的数据发送是由一条写发送缓冲寄存器指令开始的。随后在串口由硬件自动加入起始位和停止位，构成一个完整的帧格式，然后在移位脉冲的作用下，由TXD端串行输出。一个字符帧发送完后，使TXD输出线维持在1状态下，并将SCON寄存器的 TI 置 1，通知 CPU 可以发送下一个字符。

数据接收——接收数据时，SCON 的 REN 位应处于允许接收状态。在此前提下，串口采样 RXD 端，当采样到从 1 向 0 的状态跳变时，就认定是接收到起始位。随后在移位脉冲的控制下，把接收到的数据位移入接收缓冲寄存器中，直到停止位到来之后把停止位送入 RB8 中，并置位接收中断标志位 RI，通知 CPU 从 SBUF 取走接收到的一个字符。

工作方式 2 和方式 3：方式 2 和方式 3 是 11 位一帧的串行通信方式，包括 1 个起始位，9 个数据位和 1 个停止位。在方式 2 和方式 3 下，字符还是有 8 个数据位。第 9 个数据位 D8，既可作为奇偶校验位使用，也可作为控制位使用，其功能由用户确定，发送之前应先将 SCON 中的 TB8 准备好。

【例 9-1】 用 89C51 串口外加移位寄存器 165 扩展 8 位输入口，如图 9-3 所示，输入数据由 8 个开关提供，另有一个开关 K 提供联络信号。当 $K=0$ 时，表示要求输入数据，输入的 8 位为开关量，提供逻辑模拟子程序的输入信号。

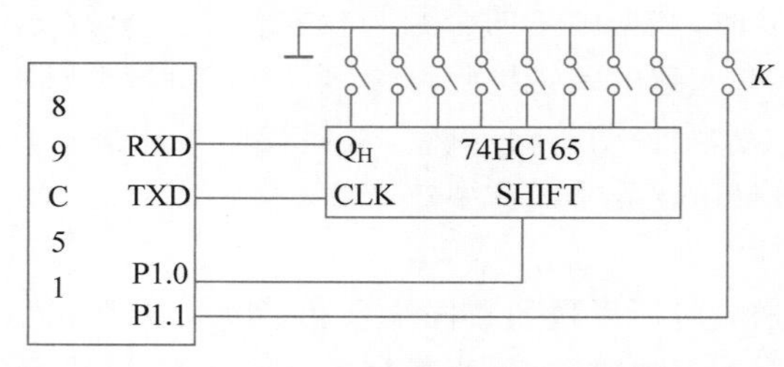

图 9-3 89C51 串口外加移位寄存器

串口方式 0 的接收要用 SCON 寄存器中的 REN 位作为开关来控制。因此，初始化时，除了设置工作方式之外，还要使 REN 位为 1，其余各位仍然为 0。对 RI 采用查询方式来编写程序，当然，先要查询开关 K 是否闭合。

程序如下：

```
sbit Key = P1^1;
sbit Shift = P1^0;
unsigned char Key_Num;
SCON = 0x10;                        //REN = 1
while(Key);                         //等待工作开关闭合
Shift = 1;                          //以并行方式输入
delay();
Shift = 0;                          //以串行方式输入
while(!RI);
RI = 0;
Key_Num = SBUF;
```

9.2.2 MCS-51 串口波特率

方式 0 的波特率是一个机器周期进行一次移位。当 $f_{OSC}=6\text{MHz}$ 时，波特率为 500kbps，即 2μs 移位一次；当 $f_{OSC}=12\text{MHz}$ 时，波特率为 1Mbps，即 1μs 移位一次。

方式 2 的波特率也是固定的，且有两种：一种是晶振频率的 1/32，即 $f_{OSC}/32$；另一种是晶振频率的 1/64，即 $f_{OSC}/64$。用公式表示为：BR=2SMOD×$f_{OSC}/64$。式中，SMOD

为 PCON 寄存器最高位的值，SMOD＝1 表示波特率加倍。

方式 1 和方式 3 的波特率是可变的，其波特率由定时器 1 的溢出率决定。

9.3 串行通信接口的应用示例

视频讲解

【例 9-2】 PC 用串口调试助手发送 00～FF 给单片机，并通过发光二极管显示。

程序如下。

查询方式：

```
#include<reg52.h>
void main()
{

    TMOD = 0x20;
    TH1 = 0xfd;
    TL1 = 0xfd;
    TR1 = 1;
    REN = 1;
    SM0 = 0;
    SM1 = 1;

    while(1)
        {
            if(RI == 1)
            {
            RI = 0;
            P1 = SBUF;
            }
        }
}
```

中断方式：

```
#include<reg52.h>
void main()
{
    TMOD = 0x20;
    TH1 = 0xfd;
    TL1 = 0xfd;
    TR1 = 1;
    REN = 1;
    SM0 = 0;
    SM1 = 1;
                ES = 1;
    EA = 1;
    while(1)
    {
                        }
}
```

【例 9-3】 双机通信。

要求：在单片机之间进行双向通信，甲机的 K1 按键可通过串口分别控制乙机的 LED1、LED2 的点亮、全亮、全灭。乙机按键可向甲机发送数字，甲机接收地数字会显示在其 P0 口的数码管上。单片机甲向单片机乙发送 READY 字符串，然后等待接收。如果接收到乙机发送的 OK 字符串，则蜂鸣器响，否则不响。

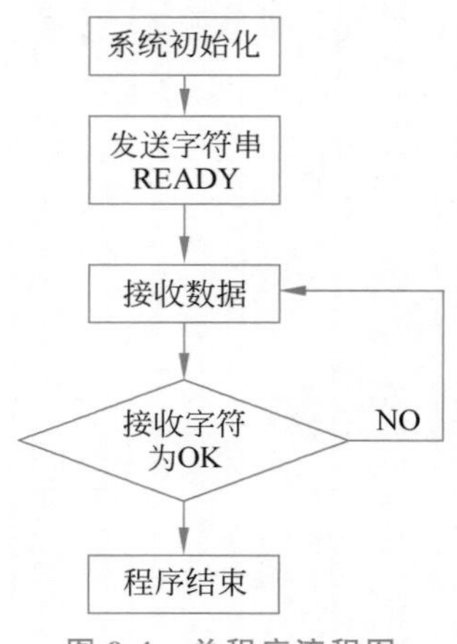

图 9-4 总程序流程图

使用查询方式，实现双机串口异步通信。所谓的查询方式，是指通过查看中断标志位 RI 和 TI 来接收和发送数据。在这种方式下，当串口发送完数据或接收到数据时，仅仅对相应的标志位置位而不会以任何其他形式通知主程序。主程序只能通过定时查询发现标志位的状态改变，从而做出相应的处理。注意，在查询方式中，标志位的位置由硬件完成，而标志位的清除需要软件进行处理，总程序流程图见图 9-4。

数据的接收和发送均使用查询方式。程序大致分为 3 部分：系统初始化部分、发送数据部分、接收数据部分。以下介绍前两者。

1）系统初始化部分

系统初始化部分应完成几方面的工作：关闭所有中断；设置串口工作模式；设置串口为接收允许状态；设置串口通信波特率；其他数据初始化。

串口使用工作方式 1，其波特率可以是软件设置的。波特率的设置是通过改变定时器 T1 的溢出率来控制。

2）发送数据部分

在程序中，发送一个字节的过程：将数据传送至 SBUF；检测 TI 位，如果数据传送完毕，则 TI 位被硬件置 1，如果 TI 为 0，则继续等待；TI=1，表示发送完成，此时需要将 TI 软件清 0，然后继续发送下一个字符；程序中，使用 put_string()发送数据，当检测到“\0”字符时，表示到达发送字符串结尾，停止数据发送。

程序代码如下（甲机）：

```
#include <AT89X51.H>
#include <STRING.H>
#define _SEND_STRING_ "READY"           //发送的字符串
#define _RECV_STRING_ "OK"              //接收的字符串
#define _MAX_LEN_ 16                    //数据最大长度
void put_string(unsigned char * str);   //串口发送字符串
void get_string(unsigned char * str);   //串口接收字符串
void Beep();                            //蜂鸣表示成功接收到返回信号
void main()
{
char buf[_MAX_LEN_];
/* 系统初始化 */
TMOD = 0x20;                            //定时器 T1 使用工作方式 2
TH1 = 250;                              //设置初值
TL1 = 250;
TR1 = 1;                                //开始计时
PCON = 0x80;                            //SMOD = 1
```

```
SCON = 0x50;                            //工作方式 1,波特率 9600bps,允许接收
EA = 0;                                 //关闭全部中断
strcpy(buf, _SEND_STRING_);             //设置发送字符串
/* ------------------ 发送数据 ---------------------- */
put_string(buf);
buf[0] = 0;                             //清空缓冲区
/* ------------------ 接收数据 ----------------------- */
while(strcmp(buf, _RECV_STRING_)!= 0)
{
 get_string(buf);
}
beep();
while(1);                               //反复循环
}
/* ---------------- 子函数 -------------------- */
/* 发送字符,参数 str 为待发送子符串 */
void put_string(unsigned char * str)
{
do
   {
SBUF = *str;
while(!TI);                             //等待数据发送完毕
TI = 0;                                 //清发送标志位
str++;                                  //发送下一数据
}
while( * (str - 1) == '\0');            //发送至字符串结尾则停止
}
/* 接收字符串,参数 str 指向保存接收子符串缓冲区 */
void get_string(unsigned char * str)
{
 unsigned char count = 0;
 * str = 0;                             //清缓冲区
 do
    {
while(!RI);                             //等待数据接收
* str = SBUF;                           //保存接收到的数据
RI = 0;                                 //清接收标志位
str++;                                  //准备接收下一数据
count++;
if(count > _MAX_LEN_)                   //如果接收数据超过缓冲区范围,则只接收部分字符
{
* (str - 1) = 0;
break;
}
while( * (str - 1) == '\0');            //接收至字符串结尾则停止
}
```

单片机 C51 程序:

```
#include < AT89X51 >
#define uchar unsigned char
main()
{
       uchar temp,datmsg[6];
```

```
TMOD = 0x20;                          //设置波特率为 19.2kbps
PCON = 0x80;
    TH1 = 0xfd; TL1 = 0xfd;
    TR1 = 1;                          //启动定时器 1
    SCON = 0x50;                      //设置串口为 10 位异步收发,且允许接收
    while(1) {for(temp = 0; temp < 6; temp++) //连续接收 6 字节
        {
while(RI == 0); RI = 0;
         datmsg[temp] = SBUF;
        }
        for(temp = 0; temp < 6; temp++)    //连续发送 6 字节
        {
SBUF = datmsg[temp]; while(TI == 0); TI = 0;
        }
     }
}
```

9.4 SPI 总线接口及其扩展

SPI(Serial Peripheral Interface)是 Motorola 公司推出的一种同步串行接口标准,允许单片机与多个厂家生产的带有标准 SPI 接口的外围设备直接连接,以同步串行的方式交换信息。SPI 总线广泛用于 E^2PROM、实时时钟、A/D 转换器、D/A 转换器等器件。SPI 总线属于高速、全双工通信总线,由于只占用 4 个芯片的引脚,节约了芯片引脚资源,同时为 PCB 布局也提供了方便。正是由于这些优点,现在越来越多的芯片集成了这种接口。

9.4.1 单片机扩展 SPI 总线的系统结构

SPI 工作模式有两种：主模式和从模式。它允许一个主设备启动一个从设备进行同步通信,从而完成数据的同步交换和传输。只要主设备有 SPI 控制器(也可以用模拟方式),就可以与基于 SPI 的各种芯片传输数据。

SPI 外围串行扩展系统的从器件要有 SPI 接口,主器件是单片机。目前已有许多类型的单片机都带有 SPI 接口。但是对于 51 单片机,由于不带 SPI 接口,可采用软件与 I/O 口结合的方式来模拟 SPI 的接口时序。

单片机扩展 SPI 从器件的系统结构图如图 9-5 所示。SPI 使用 4 条线：串行时钟 SCK、主器件输/从器件输出数据线 MISO、主器件输出/从器件输入数据线 MOSI 和从器件选择线 CS。

SPI 的典型应用是主模式,即只有一台主器件,从器件通常是外围接口器件,如 E^2PROM、实时时钟、A/D 转换器、D/A 转换器等器件。单片机扩展多个外围器件时,SPI 无法通过数据线译码选择,故外围器件都有片选端。在扩展单个 SPI 器件时,外围器件的片选端可以接地或通过 I/O 口控制；在扩展多个 SPI 器件时,单片机应分别通过 I/O 口线来分时选通外围器件。

在 SPI 串行扩展系统中,如某一从器件只作为输入(如键盘)或只作为输出(如显示器)时,可省去一条数据输出(MISO)线或一条数据输入(MOSI)线,从而构成双线系统(接地)。

SPI 系统中单片机对从器件的选通需控制其片选端 CS。但在扩展器件较多时,需要控

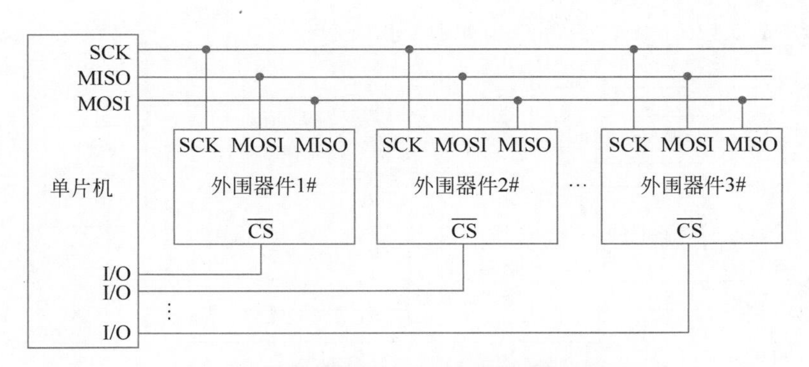

图 9-5 单片机扩展 SPI 从器件的系统结构图

制较多的从器件片选端,连线较多。

在 SPI 串行系统中,主器件单片机在启动一次传送时,便产生 8 个时钟,传送给接口芯片作为同步时钟,控制数据的输入和输出。数据的传送格式是高位(MSB)在前,低位(LSB)在后,如图 9-6 所示。数据线上输出数据的变化及输入数据时的采样都取决于 SCK。但对于不同的外围芯片,有的可能是 SCK 的上升沿起作用,有的可能是 SCK 的下降沿起作用。SPI 有较高的数据传输速度,最高可达 1.05Mb/s。

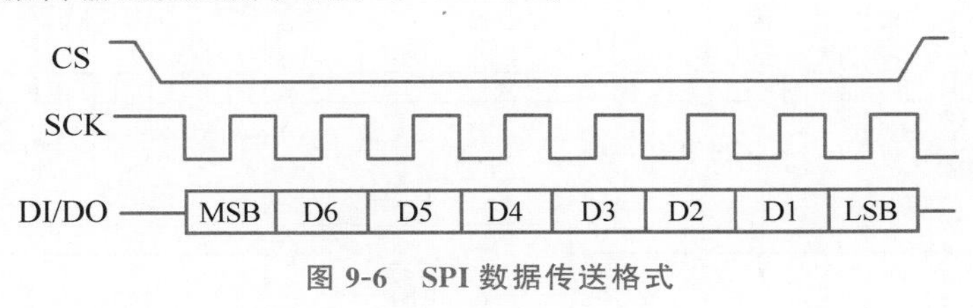

图 9-6 SPI 数据传送格式

9.4.2 带 SPI 接口的 A/D 转换器 TLC549

TLC549 是 TI 公司生产的一种低价位、高性能的 8 位 A/D 转换器,它以 8 位开关电容逐次逼近的方法实现 A/D 转换,其转换速率小于 17μs,最大转换速率为 40kHz。工作电压为 3~6V。它可采用 SPI 三线方式与单片机进行连接。

1. TLC549 的引脚定义

TLC549 的引脚如图 9-7 所示。

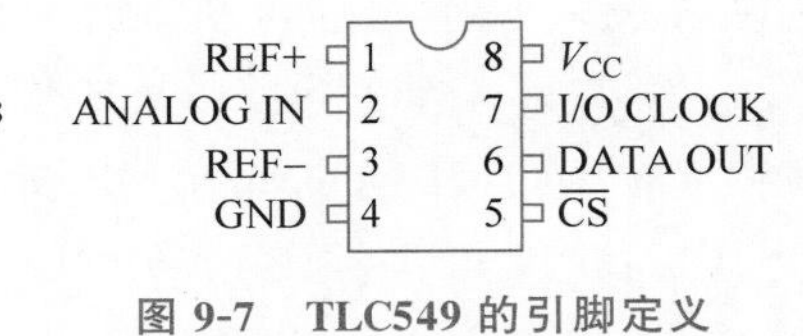

图 9-7 TLC549 的引脚定义

- REF+:正基准电压,2.5V≤REF+≤V_{CC}+0.1V;
- REF−:负基准电压,−0.1V≤REF−≤2.5V;
- V_{CC}:系统电源,3V≤V_{CC}≤6V;
- GND:接地端;
- $\overline{CS}$:芯片选择输入端;
- DATA OUT:转换结果数据串行输出端;
- ANAL OG IN:模拟信号输入端;
- I/O CLOCK:外接输入/输出时钟输入端。

2. TLC549 的功能框图

TLC549 由采样保持器、模数转换器、输出数据寄存器、数据选择器与驱动器及相关控制逻辑电路组成。TLC549 的内部结构如图 9-8 所示。

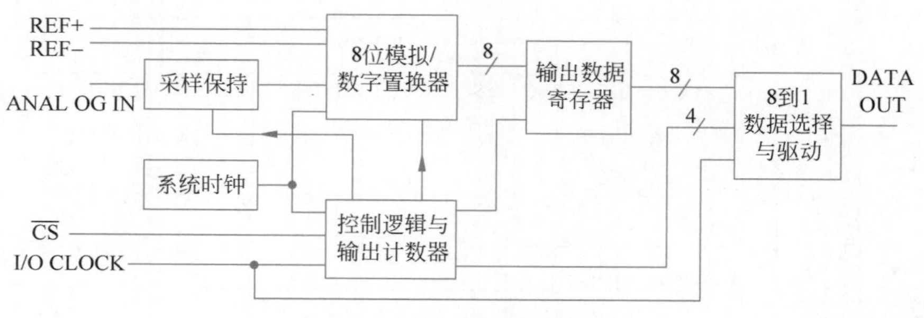

图 9-8 TLC549 内部结构图

TLC549 带有片内系统时钟，该时钟与 I/O CLOCK 是独立工作的，无须特殊的速率及相位匹配。当输入为高电平时，数据输出端 DATA OUT 处于高阻状态，此时 I/O CLOCK 不起作用。这种控制作用允许在同时使用多片 TLC549 时，公用 I/O CLOCK，以减少多片 ADC 使用时的 I/O 控制端口。

3. TLC549 的工作时序

TLC549 的工作时序如图 9-9 所示。

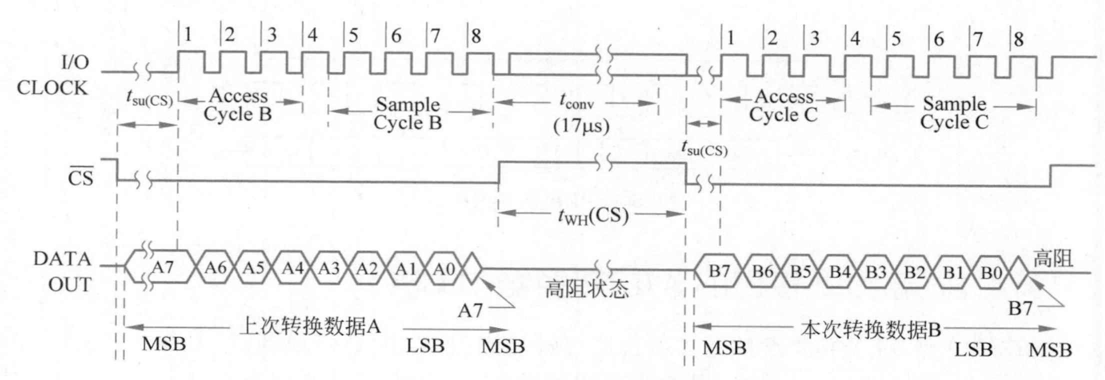

图 9-9 TLC549 的工作时序图

(1) 为低电平，内部电路在测得下降沿后，在等待两个内部时钟上升沿和一个下降沿后再确认这一变化，最后自动将前一次转换结果的最高位 D7 输出 DATA OUT。

(2) 在前 4 个 I/O CLOCK 周期的下降沿依次移出 D6、D5、D4、D3，片上采样保持电路在第 4 个 I/O CLOCK 下降沿开始采样模拟输入。

(3) 在接下来的 3 个 VO CLOCK 周期的下降沿可移出 D2、D1、D0 位。

(4) 在第 8 个 I/O CLOCK 后，必须为高电平或 I/O CLOCK 保持低电平，这种状态需要维持 36 个内部系统时钟，以等待保持和转换工作的完成。此时的输出是前一次的转换结果，而不是正在进行的转换结果。若要在特定的时刻采样模拟信号，则应使第 8 个 I/O CLOCK 时钟的下降沿与该时刻对应。因为芯片虽然在第 4 个 I/O CLOCK 时钟的下降沿开始采样，却在第 8 个 I/O CLOCK 的下降沿才开始保存。

4. TLC549 与单片机的接口函数

根据 TLC549 的工作时序，编写 C51 的接口函数如下。

```
uchar  TLC549_ADC(void)
{
  uchar i, temp;
  TIC549_CLK = 0;
  TLC549_CS = 0;
  for(i = 0;i < 8;i++)
  {
    temp <<= 1;
    templ = TLC549_DO;
    TLC549_CLK = 1;
    TLC549_CLK = 0;
}
  TLC549_CS = 1;
  delayus(20);
  return temp;
}
```

9.4.3 带 SPI 接口的 D/A 转换器 TLC5615

TLC5615 为美国德州仪器公司于 1999 年推出的产品，是具有串行接口的数模转换器，其输出为电压型，最大输出电压是基准电压值的 2 倍。带有上电复位功能，即把 DAC 寄存器复位至全零。其性能比早期电流型输出的 DAC 要好，只需要通过 3 根串行总线就可以完成 10 位数据的串行输入，易于和工业标准的微处理器或微控制器（单片机）接口，适用于电池供电的测试仪表、移动电话，也适用于数字失调与增益调整及工业控制场合。

1. TLC5615 的引脚定义

TLC5615 的引脚定义如图 9-10 所示。

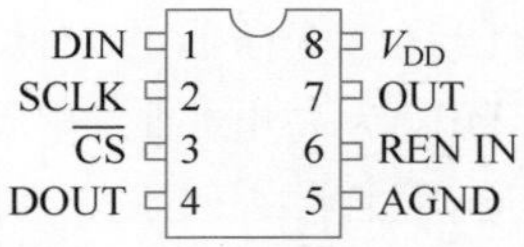

- DIN：串行数据输入端；
- SCLK：串行时钟输入端；
- $\overline{\text{CS}}$：芯片选用通端，低电平有效；
- DOUT：用于级联时的串行数据输出端；
- AGND：模拟地；
- REF IN：基准电压输入端，2V～(Voo-2)；
- OUT：DAC 模拟电压输出端；
- V_{DD}：正电源端，4.5～5.5V，通常取 5V。

DIN 1 8 V_{DD}
SCLK 2 7 OUT
$\overline{\text{CS}}$ 3 6 REN IN
DOUT 4 5 AGND

图 9-10 TLC5615 引脚图

2. TLC5615 的功能框图

TLC5615 的内部功能框图如图 9-11 所示，它主要由以下几部分组成：10 位 DAC 电路；一个 16 位移位寄存器，用于接收串行移入的二进制数，并且有一个级联的数据输出端 DOUT；并行输入/输出的 10 位 DAC 寄存器，为 10 位 DAC 电路提供待转换的二进制数据；电压跟随器，为参考电压端 REFIN 提供很高的输入阻抗（大约为 10MQ）；乘 2 电路提供最大值为 2 倍于 REFIN 的输出；上电复位电路和控制电路。

TLC5615 有两种工作方式，即 12 位数据序列方式和 16 位数据序列方式。从图 9-11 可以看出，16 位移位寄存器分为高 4 位虚拟位、低两位填充位及 10 位有效位。在单片 TLC5615 工作时，只需要向 16 位移位寄存器先后输入 10 位有效位和低 2 位填充位，2 位填

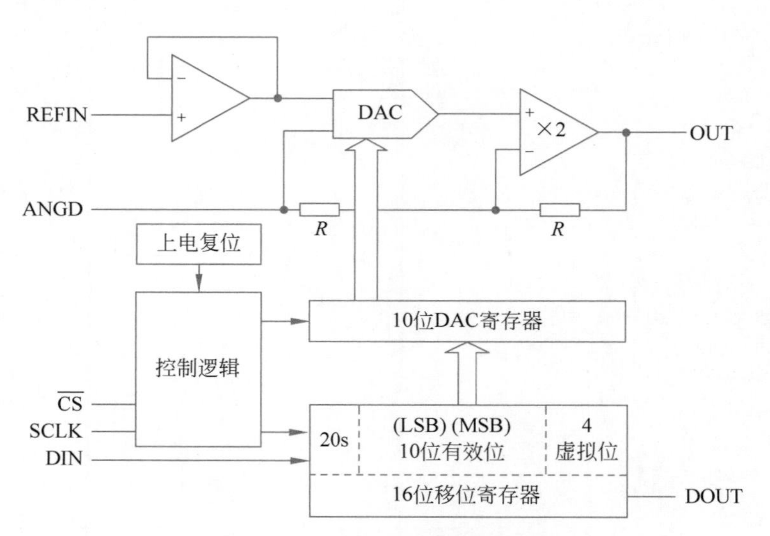

图 9-11　TLC5615 的内部功能框图

充位数据任意，这是第一种方式，即 12 位数据序列。第二种方式为级联方式，即 16 位数据列，可以将本片的 DOUT 接到下一片的 DIN，需要向 16 位移位寄存器先后输入高 4 位虚拟位、10 位有效位和低 2 位填充位，由于增加了高 4 位虚拟位，所以需要 16 个时钟脉冲。

3. TLC5615 的工作时序

TLC5615 的工作时序如图 9-12 所示。只有当片选为低电平时，串行输入数据才能被移入 16 位移位寄存器。当片选为低电平时，在每一个 SCLK 时钟的上升沿将 DIN 的一位数据移入 16 位移寄存器。注意，二进制最高有效位被首先移入。接着，$\overline{CS}$ 的上升沿将 16 位移位寄存器的 16 位有效数据锁存于 10 位 DAC 寄存器，供 DAC 电路进行转换；当片选 DIN 为高电平时，串行输入数据不能被移入 16 位移位寄存器。注意，$\overline{CS}$ 的上升和下降都必须发生在 SCLK 为低电平期间。

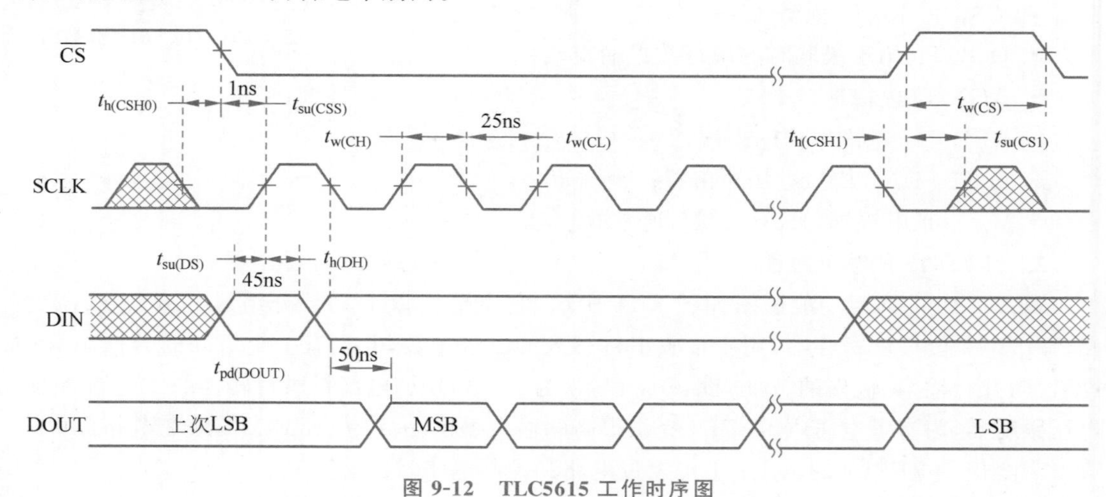

图 9-12　TLC5615 工作时序图

4. TLC5615 与单片机的接口函数

根据 TLC5615 的工作时序，编写 C51 的接口函数程序如下。

```
void  TLC5615_DAC(uint  dat)
  {
    uchar i;
    dat <<= 6;                    //左移 6 位,补 6 位 0
    TLC5615_CLK = 0;
    TLC5615_CS = 0;
    for(i = 0;i < 12;i++)
      {
        TLC5615 _DI = (bit)(dat  &  0x8000);
        TLC5615_CLK = 0;
        dat <<= 1;
        TLC5615_CLK = 1;
      }
    TLC5615_CS = 1;
    TLC5615_CLK = 0;
    delayus(20);
  }
```

以上是采用 12 位数据序列方式,还可以采用 16 位数据序列方式,程序如下。

```
void  TLC5615_DAC(uint  dat)
  {
    uchar i;
    dat <<= 2;                    //左移 2 位,补 2 位 0
    TLC5615_CLK = 0;
    TLC5615_CS = 0;
    for(i = 0;i < 16:i++)
      {
        TLC5615_DI = (bit)(dat & 0x8000);
        TLC5615_CLK = 0;
        dat <<= 2;
        TLC5615_CLK = 1;
      }
    TLC5615_CS = 1;
    TLC5615_CLK = 0;
    delayus(20);
    }
```

9.5 I²C 总线接口及其扩展

I²C(Inter Interface Circuit)总线是指集成电路间的一种串行总线。采用的 I²C 总线有两种规范,分别是荷兰飞利浦公司和日本索尼公司的技术规范,现在多采用飞利浦公司的技术规范,它已成为电子行业认可的总线标准。采用 I²C 技术的单片机及外围器件种类很多,已广泛用于各类电子产品、家用电器及通信设备中。

9.5.1 I²C 串行总线基础

1. I²C 串行总线结构

I²C 总线采用 2 线制连接,一条是数据线 SDA,另一条是时钟线 SCL。SDA 和 SCL 是双向的，I^2C 总线上各器件的数据线都接到 SDA 线上，各器件时钟线均接到 SCL 线上。I^2C 串行总线系统基本结构如图 9-13 所示。带有 I^2C 总线接口的单片机可直接与具有 I^2C 总线接口的各种扩展器件（如存储器、I/O 芯片、A/D、D/A、键盘、显示器、日历/时钟）连接。由于 I^2C 总线采用纯软件的寻址方法，无须片选线的连接，这大大简化了总线数量。I^2C 串行总线的运行由主器件控制。主器件是指启动数据的发送（发出起始信号）、发出时钟信号、传送结束时发出终止信号的器件，通常是单片机。从器件可以是存储器、LED 或 LCD 驱动器、A/D 或 D/A 转换器、时钟/日历器件等，从器件必须带有 I^2C 串行总线接口。

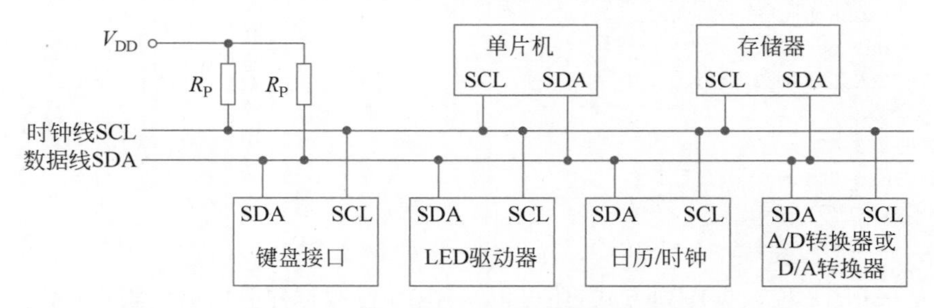

图 9-13 I^2C 串行总线系统的基本结构

当 I^2C 总线空闲时，SDA 和 SCL 两条线均为高电平。由于连接到总线上的器件的输出级必须是漏极或集电极开路的，只要有一个器件任意时刻输出低电平，都将使总线上的信号变低，即各器件的 SDA 及 SCL 都是“线与”的关系。

由于各器件输出端为漏极开路，故必须通过上拉电阻接正电源（如图 9-13 中的两个电阻 R_P），以保证 SDA 和 SCL 在空闲时被上拉为高电平。SCL 线上的时钟信号对 SDA 线上的各器件间的数据传输起同步控制作用。SDA 线上的数据起始、终止及数据的有效性均要根据 SCL 线上的时钟信号来判断。

在 I^2C 标准的普通模式下，数据的传输速率为 100Kb/s，高速模式下可达 400Kb/s。总线上扩展的器件数量不是由电流负载决定的，而是由电容负载确定的。I^2C 总线上的每个器件的接口都有一定的等效电容，连接的器件越多，电容值就越大，会造成信号传输延迟。总线上允许的器件数以器件的电容量不超过 400pF（通过驱动扩展可达 4000pF）为宜，据此可计算出总线长度及连接器件的数量。每个连到 I^2C 总线上的器件都有唯一地址，扩展器件时也要受器件地址数目的限制。

2. I^2C 总线的数据帧格式

I^2C 总线上传送的数据信号既包括真正的数据信号，也包括地址信号。

I^2C 总线规定，起始信号后须传送一个从器件地址（7 位），第 8 位是数据传送的方向位（$R/\overline{W}$），“0”表示主器件发送数据，“1”表示主器件接收数据。每次数据传送总是由主器件产生的终止信号结束的。如果主器件希望继续占用总线进行新的数据传送，则可不产生终止信号，可以马上再次发出起始信号对另一从器件进行寻址。因此，在总线一次数据传送过程中，可有以下几种组合方式。

（1）主器件向从器件发送 n 字节的数据，数据传送方向在整个传送过程中不变，数据传送的格式如图 9-14 所示。

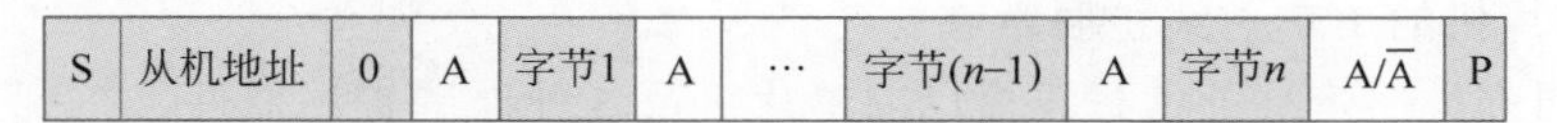

S	从机地址	0	A	字节1	A	…	字节(n−1)	A	字节n	A/$\overline{A}$	P

图 9-14 主器件向从器件发送的数据帧格式

其中,字节 1～字节 n 为主器件写入从器件的 n 字节的数据。格式中阴影部分表示主器件向从器件发送数据,无阴影部分表示从器件向主器件发送数据。上述格式中的“从器件地址”为 7 位,紧接其后的“1”和“0”表示主器件的读/写方向,“1”为读,“0”为写。A 表示应答,$\overline{A}$ 表示非应答(高电平)。S 表示起始信号,P 表示终止信号。

(2) 主器件读出来自从机的 n 字节。除第一个寻址字节由主机发出,n 字节都由从器件发送,主器件接收,数据传送的格式如图 9-15 所示。

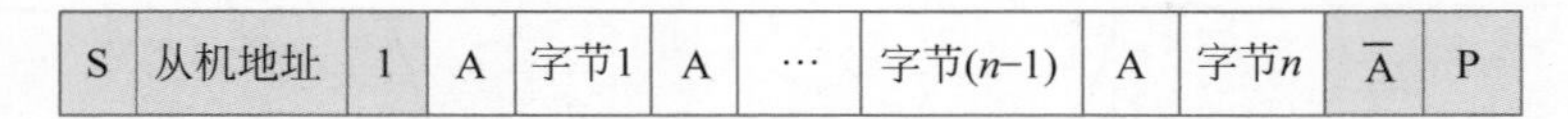

S	从机地址	1	A	字节1	A	…	字节(n−1)	A	字节n	$\overline{A}$	P

图 9-15 主器件接收从器件发送的数据帧格式

其中,字节 1～字节 n 为从器件被读出的 n 字节数据。主器件发送终止信号前应发送非应答信号,向从器件表明读操作要结束。

(3) 主器件的读、写操作。在一次数据传送中,主器件先发一字节数据,然后再收一字节数据,起始信号和从器件地址都被重新产生一次,但两次读/写的方向位正好相反。数据传送的格式如图 9-16 所示。

S	从机地址	0	A	数据	A/$\overline{A}$	Sr	从机地址r	1	A	数据	$\overline{A}$	P

图 9-16 传送过程中改变传送方向的数据帧格式

其中,“Sr”表示重新产生的起始信号,“从机地址 r”表示重新产生的从器件地址。

可见,无论哪种方式,起始信号、终止信号和从器件地址均由主器件发送,数据字节的传送方向则由主器件发出的寻址字节中的方向位规定,每字节的传送都必须有应答位(A 或 $\overline{A}$)相随。

数据帧格式中,均有 7 位从器件地址和紧跟其后的 1 位读/写方向位,这 8 个数据位构成寻址字节。I^2C 总线寻址采用软件寻址,主器件在发送完起始信号后,立即发送寻址字节来寻址被控的从器件,寻址字节帧格式如图 9-17 所示。

寻址字节	器件地址				引脚地址			方向位
	DA3	DA2	DA1	DA0	A2	A1	A0	R/$\overline{W}$

图 9-17 数据帧寻址字节帧格式

7 位从器件地址为“DA3、DA2、DA1、DA0”和“A2、A1、A0”。其中“DA3、DA2、DA1、DA0”为器件固有的地址编码,出厂时就已给定;“A2、A1、A0”为引脚地址,由器件引脚 A2、A1、A0 在电路中接高电平或接地决定。

数据方向位(R/$\overline{W}$)规定了总线上的单片机(主器件)与从器件的数据传送方向:为 1 表示主器件接收(读),为 0 表示主器件发送(写)。

3. 51 单片机的 I^2C 总线扩展系统

许多公司都推出带有 I^2C 总线接口的单片机及各种外围扩展器件，常见的有 Atmel 公司的 AT24Cxx 系列存储器、PHILIPS 公司的 PCF8553(时钟/日历且带有 256x8RAM)和 PCF8570(256x8RAM)、MAXIM 公司的 MAX127/128(A/D 转换器)和 MAX517/518/519(D/A 转换器)等。I^2C 系统中的主器件为单片机，可以有 I^2C 接口，也可以没有。从器件必须带有 I^2C 总线接口。51 单片机没有 I^2C 接口，可用 I/O 口引脚结合软件的方式来模拟 I^2C 总线的时序。

为保证数据传送的可靠性，I^2C 总线的数据传送有严格的时序要求。I^2C 总线的起始信号、终止信号、应答位“0”及非应答位“1”的模拟时序如图 9-18 所示。

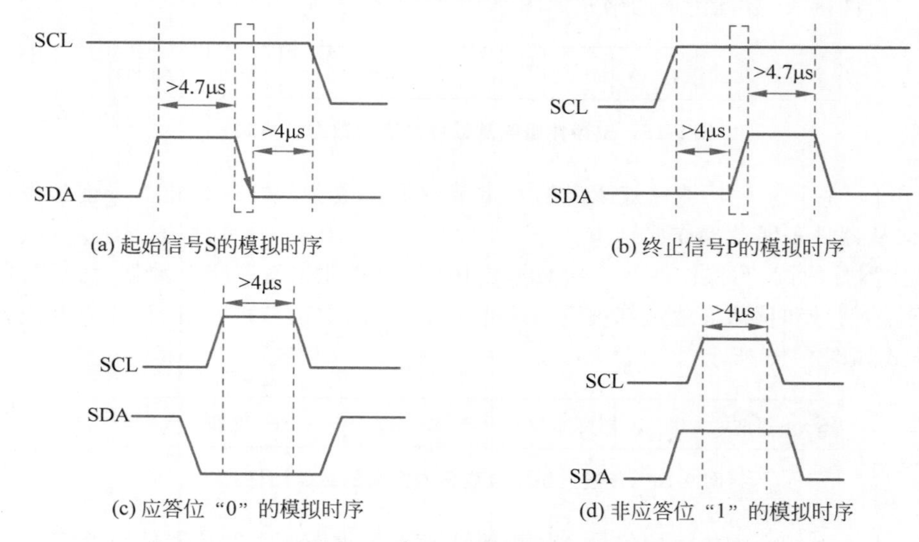

图 9-18 I^2C 总线典型信号的时序

51 单片机在模拟 I^2C 总线通信时，需编写以下 6 个函数：起始信号 S 函数、终止信号 P 函数、应答“0”函数、非应答“1”函数、发送一字节数据函数和接收一字节数据函数。

1）起始信号 S 函数

如图 9-18 所示的起始信号 S，要求在一个新的起始前总线的空闲时间大于 4.7μs，起始信号的时序波形在 SCL 高电平期间 SDA 发生负跳变。起始信号到第 1 个时钟脉冲负跳沿的时间间隔应大于 4μs。起始信号 S 的函数如下。

```
  void  Start(void)
{
    SDA = 1;
    SCL = 1;
    _nop_(); _nop_(); _nop_(); _nop_(); _nop_();
    SDA = 0;
    _nop_(); _nop_(); _nop_(); _nop_(); _nop_();
  CL = 0;
}
```

2）终止信号 P 函数

终止信号 P 为在 SCL 高电平期间 SDA 的一个上升沿产生终止信号。终止信号 P 的模拟时序终止信号函数如下。

```
void Stop(void)
{
    SDA = 0;
    SCL = 1;
    _nop_(); _nop_(); _nop_(); _nop_(); _nop_();
    SDA = 1;
    _nop_(); _nop_(); _nop_(); _nop_(); _nop_();
  SDA = 0;
}
```

3）应答“0”函数

发送应答位与发送数据“0”相同，即在 SDA 低电平期间 SCL 发生一个正脉冲，产生发送应答位“0”的函数如下。

```
void Start(void)
{
    unhar i;
    SDA = 0;
    SCL = 1;
    _nop_(); _nop_(); _nop_(); _nop_(); _nop_();
    while((SDA == 1)&&(i < 255)) i++;
    SCL = 0;
    _nop_(); _nop_(); _nop_(); _nop_(); _nop_();
}
```

SCL 在高电平期间，SDA 被从器件拉为低电平表示应答。命令行中的（SDA＝＝1）和（i＜255）相与，表示若在这一段时间内没有收到从器件的应答，则主器件默认从器件已经收到数据而不再等待应答信号，要是不加这个延时退出，一旦从器件没有发应答信号，程序将永远停在这里，实际环境中是不允许这种情况发生的。

4）非应答“1”函数

发送非应答位与发送数据“1”相同，即在 SDA 高电平期间 SCL 发生一个正脉冲，产生发送非应答位/数据“1”的函数如下。

```
    void NoAck(void)
{
    SDA = 1;
    SCL = 1;
    _nop_(); _nop_(); _nop_(); _nop_(); _nop_();
  SCL = 0;
  SDA = 0;
}
```

5）发送一字节数据函数

以下函数是模拟 I^2C 总线的数据线发送一字节的数据（可以是地址，也可以是数据），发送完后等待应答，并对状态位 ack 进行操作，即应答或非应答都使 ack＝0。发送数据正常时，ack＝1；从器件无应答或损坏时，则 ack＝0。参考程序如下。

```
  void SendByte(uchar dat)
{
uchar i,temp;
temp = dat;
for(i = 0; I < 8; i++)
{
        temp =  temp << 1;              //左移一位
        SCL = 0;
        _nop_(); _nop_(); _nop_(); _nop_(); _nop_();
        SDA = CY;
        _nop_(); _nop_(); _nop_(); _nop_(); _nop_();
    SCL = 1;
    _nop_(); _nop_(); _nop_(); _nop_(); _nop_();
  }
    SCL = 0;
        _nop_(); _nop_(); _nop_(); _nop_(); _nop_();
        SDA = 1;
        _nop_(); _nop_(); _nop_(); _nop_(); _nop_();
}
```

串行发送一字节时，需把该字节中的 8 位一位一位发出去，代码“temp＝temp << 1;”就是将 temp 中的内容左移一位，最高位将移入 CY 位中，然后将 CY 赋值给 SDA，进而在 SCL 的控制下发送出去。

6）接收一字节数据函数

下面是模拟从 I^2C 的数据线 SDA 接收从器件传来的一字节数据的函数。

```
 void RcvByte(void)
{
  uchar i,temp;
  SCL = 0;
          _nop_(); _nop_(); _nop_(); _nop_(); _nop_();
          SDA = 1;
  for(i = 0; I < 8; i++)
  {
        SCL = 1;
        _nop_(); _nop_(); _nop_(); _nop_(); _nop_();
        temp = (temp << 1)| SDA;
        SCL = 0;
        _nop_(); _nop_(); _nop_(); _nop_(); _nop_();
  }
          _nop_(); _nop_(); _nop_(); _nop_(); _nop_();
  Return temp;
}
```

同理，串行接收一字节时，需一位一位地接收这 8 位，然后组合成一字节。代码“temp＝(temp << 1)|SDA”是将变量 temp 左移一位后与 SDA 进行逻辑“或”运算，依次把 8 位数据组合成一字节来完成接收。

9.5.2 带 I^2C 总线的 E^2PROM 存储器 AT24C02 的接口

在一些控制类应用场合，需要存储数据并且不希望掉电后数据丢失，电擦除电写只读存储器 E^2PROM 可以实现此类功能。Atmel 公司的 I^2C 接口的 AT24Cxx 系列芯片是目前常用的 E^2PROM。该系列具有 AT24C01/02/04/08/16 等型号，它们的封装形式、引脚功能及内部结构类似，只是容量不同，分别为 128B/256B/512B/1KB/2KB。下面以 AT24C02 芯片为例，介绍 I^2C 总线的 E^2PROM 的具体应用。

1. AT24C02 的引脚功能

AT24C02 的引脚图如图 9-19 所示。

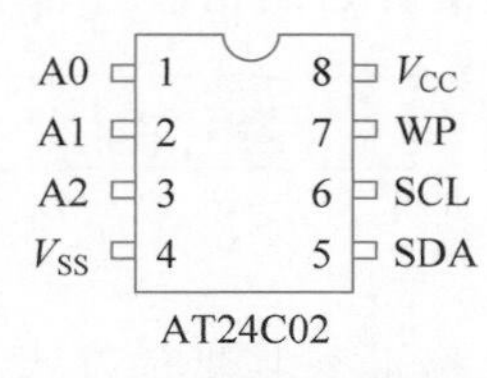

图 9-19 AT24C02 的引脚图

(1) A0、A1、A2：器件地址输入端，这些输入引脚用于多个器件级联时设置器件地址，当这些脚悬空时默认值为“0”。当使用 AT24C02 时，最大可级联 8 个器件。如果只有一个 AT24C02 被总线寻址，这 3 个地址输入脚(A0、A1、A2)可悬空或连接到 V_{SS}。

(2) V_{SS}：接地端。

(3) SDA：串行数据输入/输出端，AT24C02 双向串行数据/地址引脚用于发送或接收器件所有数据。

(4) SCL：串行时钟端，AT24C02 串行时钟输入引脚用于产生器件所有数据发送或接收的时钟，这是一个输入引脚。

(5) WP：写保护端，如果 WP 引脚连接到 V_{CC}，所有的内容都被写保护只能读。当 WP 引脚连接到 V_{SS} 或悬空时，允许器件进行正常的读/写操作。

(6) V_{CC}：电源端，工作电压为＋1.8～6.0V。

2. AT24C02 的寻址方式

AT24C02 的存储容量为 256B，分为 32 页，每页 8B。它有两种寻址方式：芯片寻址和片内子地址寻址。

1) 芯片寻址

AT24C02 芯片地址固定为 1010，这是 I^2C 总线器件的特征编码，其地址控制字的格式为 1010A2A1A0R/$\overline{W}$。A2A1A0 引脚接高、低电平后得到确定的 3 位编码，与 1010 形成 7 位编码，即为该器件的地址码。由于 A2A1A0 共有 8 种组合，故系统最多可外接 8 片 AT24C02。R/$\overline{W}$ 为对芯片的读/写控制位，“0”为写，“1”为读。

2) 片内子地址寻址

在确定了 AT24C02 芯片的 7 位地址码后，片内的存储空间可用一字节作为地址码进行寻址，寻址范围为 00H～FFH，即可对内部的 256 个单元进行读/写操作。

3. 单片机对 AT24C02 的读/写操作

单片机对 AT24C02 有两种写入方式和两种读取操作，分别是字节写入方式、页写入方式、指定地址读方式、指定地址连续读方式。

1) 字节写入方式

单片机(主器件)先发送启动信号和一字节的控制字，从器件发出应答信号后，单片机再发送一字节的存储单元子地址(AT24C02 芯片内部单元的地址码)，单片机收到 AT24C02

应答后，再发送 8 位数据和 1 位终止信号。帧格式如图 9-20 所示。

图 9-20　字节写入帧格式

2）页写入方式

单片机先发送启动信号和一字节的控制字，再发送一字节的存储器起始单元地址，上述几字节都得到 AT24C02 的应答后，就可以发送最多一页的数据，并顺序存放在已指定的起始地址开始的相继的单元中，最后以终止信号结束。帧格式如图 9-21 所示。

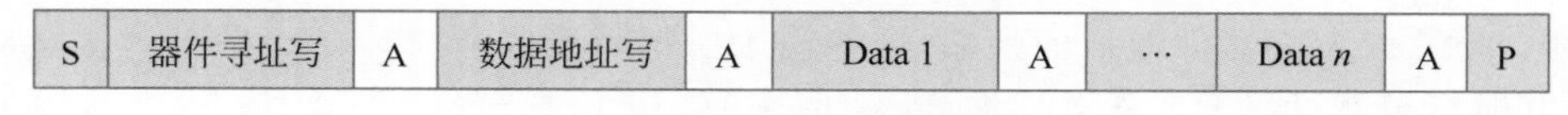

图 9-21　页写入帧格式

3）指定地址读方式

单片机发送启动信号后，先发送含有芯片地址的写操作的控制字；AT24C02 应答后，再发送一字节的指定单元的地址；AT24C02 应答后，再发送一个含有芯片地址的读操作控制字，此时如果 AT24C02 做出应答，被访问单元的数据就会按 SCL 信号同步出现在 SDA 线上，供单片机读取。帧格式如图 9-22 所示。

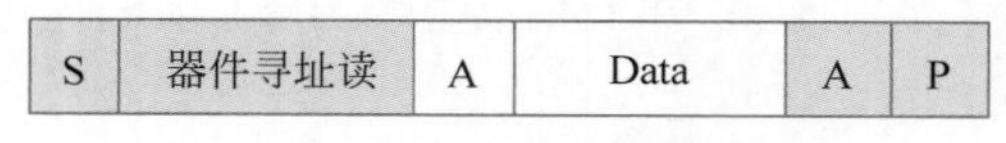

图 9-22　指定地址读帧格式

4）指定地址连续读方式

指定地址连续读方式与读地址控制和指定读地址方式相同。单片机收到每字节数据后要做出应答，只有 AT24C02 检测到应答信号后，其内部的地址寄存器就自动加 1，指向下一单元，并顺序将指向单元的数据送到 SDA 线上。当需要结束读操作时，单片机接收到数据后，在需要应答的时刻发送一个非应答信号，接着再发送一个终止信号即可。帧格式如图 9-23 所示。

S	器件寻址写	A	数据地址写	A	S	器件寻址读	A	Data1	A	…	Data *n*	$\overline{A}$	P

图 9-23　指定地址连续读帧格式

4. 单片机对 AT24C02 的读/写操作函数

AT24C02 与 AT89S51 单片机的接口电路如图 9-24 所示。P3.5 与 AT24C02 的 5 号引脚（SDA）相连，P3.4 与 AT24C02 的 6 号引脚（SCL）相连，AT24C02 的芯片地址引脚 A2A1A0 均接地。

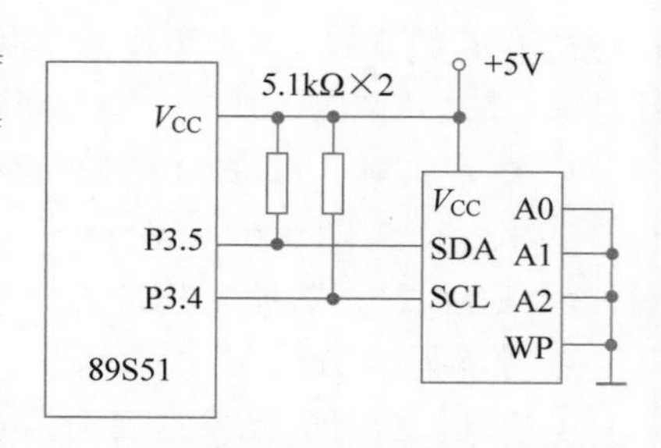

图 9-24　单片机与 AT24C02 连接

向 AT24C02 写入一字节数据的函数为：

```
void Write_Byte(uchar add, uchar dat)
                                    //向 AT24C02 的任一地址写数据
{
```

```
    Start ();SendByte (0xa0);
    Ack();
    SendByte (add);
    Ack();
    SendByte (dat);
    Ack();
    Stop();
}
```

从 AT24C02 读取一字节数据的函数为：

```
uchar Read_Byte(uchar add)        //从 AT24C02 的任一地址读数据
{
    uchar dat;
    Start();
    SendByte(0xa0);
    Ack();
    SendByte(add);
    Ack();
    Start();
    SendByte(0xa1);
    Ack();
    dat = RcvByte();
    Stop();
    return dat;
}
```

9.5.3 带 I^2C 总线的 A/D 及 D/A 芯片 PCF8591 的接口

1. PCF8591 功能与引脚说明

PCF8591 是具有 I^2C 总线接口的 8 位 A/D 及 D/A 转换器，它具有 4 路 A/D 输入，1 路 D/A 输出。器件功能包括多路复用模拟输入、片上跟踪和保持功能、8 位模数转换和 8 位数模转换。最大转换速率取决于 I^2C 总线的最高速率。PCF8591 引脚如图 9-25 所示。引脚功能说明如下。

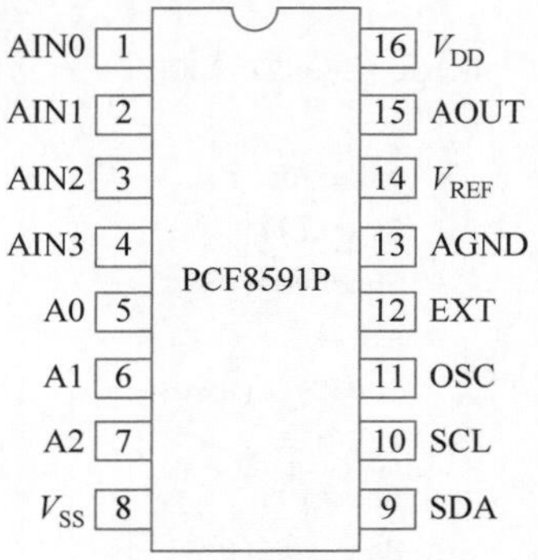

引脚名	引脚号	引脚号	引脚名
AIN0	1	16	V_{DD}
AIN1	2	15	AOUT
AIN2	3	14	V_{REF}
AIN3	4	13	AGND
A0	5	12	EXT
A1	6	11	OSC
A2	7	10	SCL
V_{SS}	8	9	SDA

PCF8591P

图 9-25 PCF8591 引脚图

- AIN0～AIN3：模拟信号输入端。
- A0～A2：引脚地址端。
- V_{DD}：电源端(2.5～6V)。
- V_{SS}：接地端。
- SDA、SCL：I^2C 总线的数据线、时钟线。
- OSC：外部时钟输入端，内部时钟输出端。
- EXT：内部、外部时钟选择线，使用内部时钟时 EXT 接地。
- AGND：模拟信号地。
- AOUT：D/A 转换输出端。
- V_{REF}：基准电源端。

2. PCF8591 器件地址

PCF8591 采用典型的 I^2C 总线接口器件寻址方法，其器件地址由芯片地址、引脚地址和方向位组成。PCF8591 的芯片地址固定为 1001，引脚地址由引脚 A2A1A0 接高、低电平确定，方向位（$R/\overline{W}$）为对器件的读/写控制位（为"1"时表示从器件读取数据，为"0"时表示向器件写入数据）。由于 A2A1A0 有 8 种组合，所以系统最多可外接 8 片 PCF8591。PCF8591 的器件地址格式如图 9-26 所示。

3. PCF8591 控制寄存器

控制寄存器用于控制 PCF8591 的输入方式、输入通道、D/A 转换等，是通信时主机发送的第 2 字节数据，其格式如图 9-27 所示。

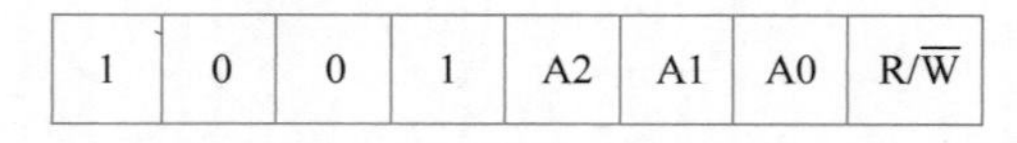

图 9-26　PCF8591 器件地址格式

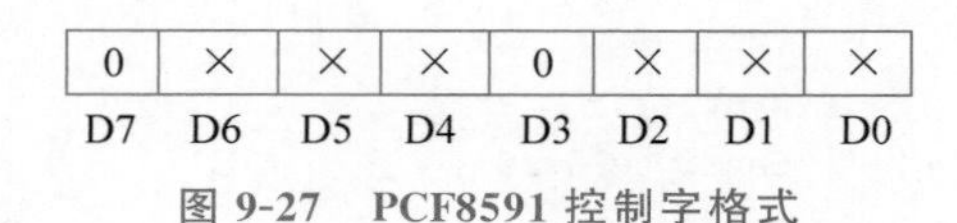

图 9-27　PCF8591 控制字格式

① D1、D0：用于选择模拟输入通道，00 通道 0，01 通道 1，10 通道 2，11 通道 3。

② D2：自动增益选择（有效位为 1）。

③ D3：固定为 0。

④ D5、D4：模拟输入方式选择，00 为四路单端输入，01 为三路差分输入，10 为单端与差分配合输入，11 为两路差分输入。

⑤ D6：模拟量输出允许，为 1 时允许模拟输出，为 0 时禁止模拟输出。在 D/A 转换时，设置为 1，A/D 转换时，设置为 0 或 1 均可。

⑥ D7：固定为 0。

4. A/D 转换函数

A/D 转换即将 AIN 端口输入的模拟电压转换为数字量并发送到总线上，可以知道，该函数需要指定输入的通道，还要将转换后的数字量返回，所以该函数有返回值，有一个形参。根据如图 9-16 所示的 I^2C 传送的帧格式编写 A/D 转换函数如下。

```
uchar PCF8591_ADC(uchar ch)              //形参为待转换的通道
{
    uchar dat;
    Start();
    SendByte(0x90);                      //器件地址(写)1001 000 0
    Ack();
    SendByte(0x40|ch);                   //控制字,ch 为通道号取值为 0~3,代表 AIN0~AIN3
    Ack();
    Start();
    SendByte(0x91);                      //器件地址(读)1001 000 1
    Ack();
    dat = RcvByte();
    NoAck();
    Stop();
    return dat;                          //返回 A/D 转换值
}
```

5. D/A 转换函数

D/A 转换即将从总线上接收到的数字量通过 AOUT 输出，该函数无返回值，有一个形参，根据图 9-15 所示的 I^2C 传送的帧格式编写程序实现：

```
void PCF8591_DAC (uchar dat)          //形参为要转换成模拟量的数据
{
    Start();
    SendByte(0x90);                   //器件地址(写)1001 000 0
    Ack();
    SendByte(0x40);                   //设置控制字,0100 0000 允许模拟输出,不使用自动增益,单端
    Ack();
    SendByte(dat);                    //将要转换的数字量写入
    NoAck();
    Stop();
}
```

本章小结

单片机与外界通信有并行通信和串行通信两种方式；8051 单片机串行通信接口全为双工 I/O 口，可设置成同步通信和异步通信方式。

串口可设置成 4 种不同工作方式，它们的区别主要在于同步或异步通信、字符帧格式，以及发送波特率不同。

方式 1 和方式 3 的波特率由定时器 T1 的溢出决定；除方式 0 外，专用寄存器 PCON 最高位 SMOD 置 1 能使波特率加倍。

思考题与习题

9-1 何为同步通信？何为异步通信？它们各自的特点是什么？

9-2 单工、半双工和全双工有什么区别？

9-3 设某异步通信接口每帧信息格式为 10 位，当接口每秒传送 1000 个字符时，其波特率为多少？

9-4 MCS-51 单片机串口有几种工作方式？它们各自的特点是什么？

9-5 怎样实现利用串口扩展并行输入/输出口？

9-6 请解释下列概念。

（1）并行通信、串行通信。

（2）波特率。

（3）单工、半双工、全双工。

（4）奇偶校验。

9-7 试用 8051 串口扩展 I/O 口，控制 16 个发光二极管自右向左以一定速度轮流发光。请画出电路并编写程序。

第10章 单片机应用系统设计

CHAPTER 10

在单片机应用系统设计中，由于其控制对象、设计要求、技术指标等不尽相同，因此单片机的应用系统的设计方案、设计步骤、开发过程等也各不相同。本章主要介绍5个单片机应用系统设计实例，分别从总体设计、系统要求、硬件电路设计、软件程序设计等方面详细介绍单片机应用系统设计的方法和基本过程，同时还简要介绍C51编程方法和Keil C51开发系统。

本章重点在于单片机应用系统设计的方法和实际应用，难点在于将单片机应用系统设计应用于实际工程中，设计出最优的单片机应用系统。

10.1 多功能数字时钟设计

1. 实验目的

基于单片机设计一个模拟多功能时钟，使用时钟/日历芯片DS1302并采用LCD1602显示的日历/时钟，功能要求如下。

(1) 用DS1302进行时间和日历的计时，LCD1602显示7个参量的内容，第一行显示年、月、日、季节，第二行显示时、分、秒。

(2) 设计按键键盘，能对系统时间参量可以进行修改调整。

(3) 整点蜂鸣器提醒，提醒5s后停止。

(4) 自动判定季节。

2. 实验内容

该多功能数字时钟由显示模块、时钟模块、晶振和复位电路、蜂鸣器模块与键盘输入组成，如图10-1所示为数字时钟系统组成原理框图。

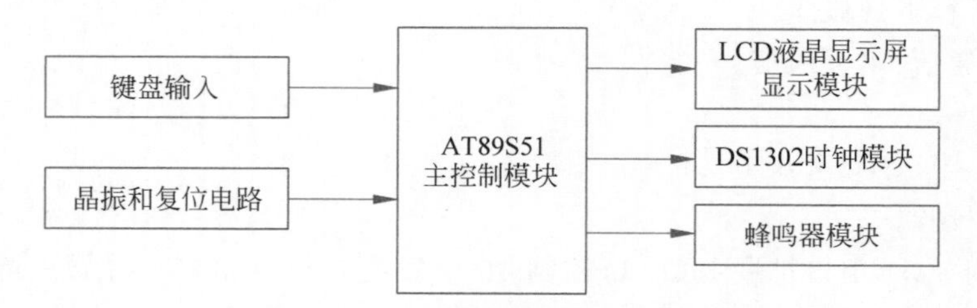

图10-1 数字时钟系统组成原理框图

系统工作时通过输入模块将键盘输入的电信号传输到控制模块，但是由于输入信号复杂，而且可能同时输入，因此在系统设计的时候需要注意信号的优先级问题。在系统组成方面，由于采用模块化设计的方法，这样不仅减小了编程难度，同时使程序易于理解，而且能方便地添加各项功能。程序可分为按键查询程序、整点提醒程序、时间显示程序、日期显示程序、时间调整程序等，且需要保证各模块的兼容和配合。

3. 电路设计

硬件设计采用AT89S51单片机作为控制器，时间日历计时显示采用LCD液晶显示屏，如图10-2所示为硬件电路仿真图，整套系统由显示模块、时钟模块、晶振和复位电路、键盘输入、蜂鸣器模块与单片机控制模块组成。

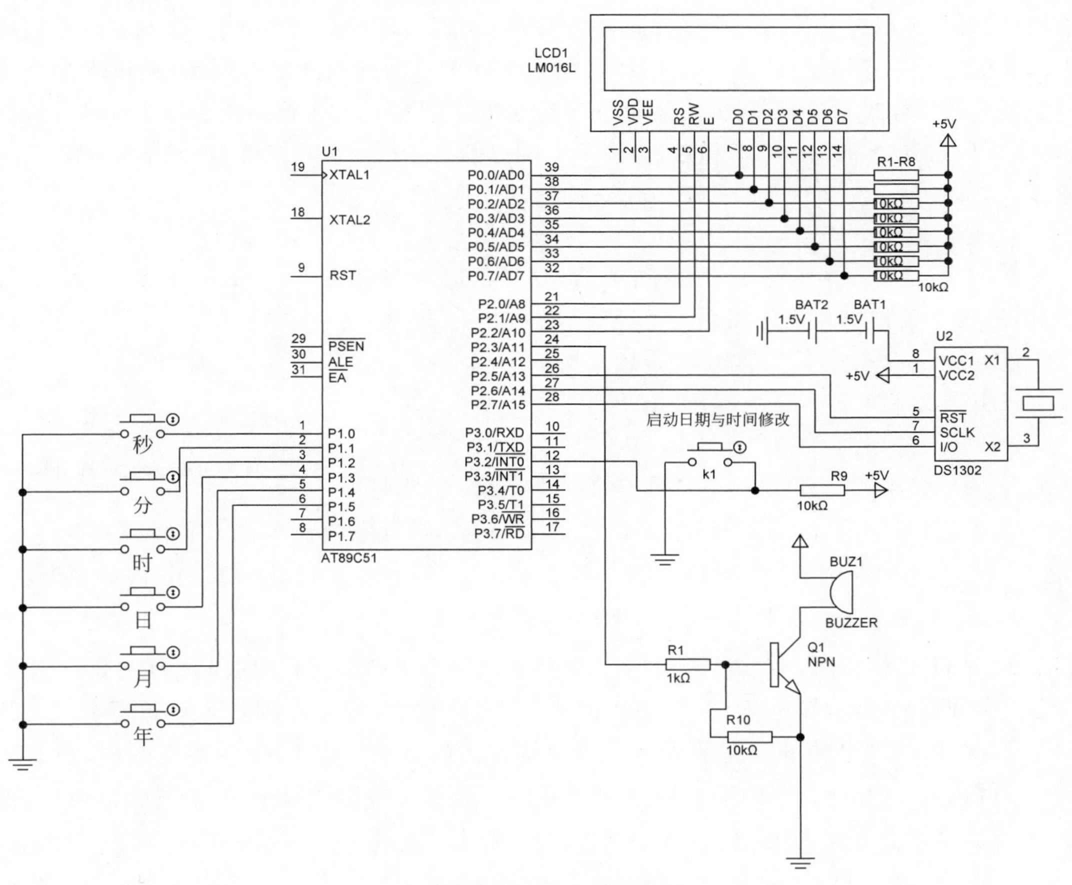

图 10-2 硬件电路仿真图

下面分别对键盘输入模块、LCD显示模块以及时钟模块进行详细介绍。

1) 键盘输入模块

整套系统通过1个“启动/结束时间修改”功能键K1和6个“时间修改”按键组成的键盘输入模块来修改时间。当按键K1按下后，标志位置1，此时可通过左侧按键修改时间：按下对应按键，使得对应时间量加一，例如，当在时钟显示10点钟的时候按下按键“时”，LCD液晶显示屏将显示11点；如果按下按键时所对应的时间量达到了最大值，则该时间量重置为最小值，例如，当在日期显示 12 月时按下按键“月”，则 LCD 液晶显示屏将显示 1 月。时间修改完成后，再次按下 K1 键，标志位取反被清 0，此时无法通过“时间修改”按键修改时间。

2）LCD 显示模块

LCD 液晶显示模块是多功能数字时钟系统的显示部分，用于显示时间、日期显示和季节等。LCD 显示模块采用 LCD1602。LCD1602 是一款常用的字符型液晶显示模块。它具有 16 列、2 行的字符显示，每个字符由 5×8 个像素点组成。LCD1602 模块可以通过并行接口或者 I^2C 接口轻松地与单片机进行通信，而且由于其价格低廉，稳定性好，因此广泛应用于各种电子产品中作为输入或输出设备。通过控制液晶的显示内容，我们可以实现结果的输出，同时还可以将其作为一个简单的界面设备，实现与用户的交互。LCD1602 液晶模块内部的字符发生存储器(CGROM)已经存储了 160 个不同的点阵字符图形，通过内部指令可实现对其多样显示的控制，并且还能利用空余的空间自定义字符。图 10-2 中，单片机的 P0 口与 LCD1602 的 D0～D7 相连，引脚 RS、RW 和 E 分别与单片机的 P2.0、P2.1 和 P2.2 相连。

3）时钟模块

DS1302 是一种功能强大、精确可靠、低功耗的时钟/日历芯片，适用于各种单片机应用系统，广泛应用于电话、传真、便携式仪器等产品领域，其引脚图如图 10-3 所示。

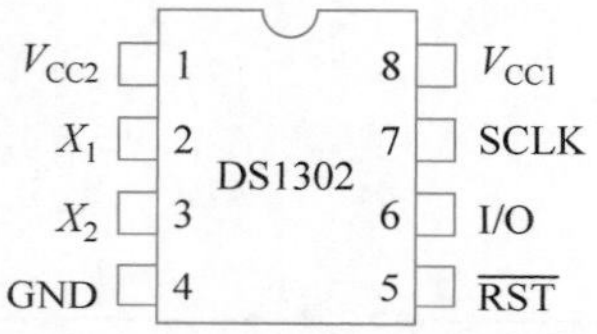

		DS1302		
V_{CC2}	1		8	V_{CC1}
X_1	2		7	SCLK
X_2	3		6	I/O
GND	4		5	$\overline{RST}$

图 10-3　DS1302 芯片引脚

各引脚功能如下：

- V_{CC1} 和 V_{CC2} 都为供电引脚，其中 V_{CC2} 为主电源，V_{CC1} 为后备电源。在主电源关闭的情况下，也能保持时钟的连续运行。因为 DS1302 是由 V_{CC1} 或 V_{CC2} 两者中的较大者供电。当 V_{CC2} 大于 V_{CC1}+0.2V 时，V_{CC2} 给 DS1302 供电。当 V_{CC2} 小于 V_{CC1} 时，DS1302 由 V_{CC1} 供电。
- X_1 和 X_2 是振荡源，外接 32.768kHz 晶振。
- $\overline{RST}$ 是复位脚，通过把 $\overline{RST}$ 输入驱动置高电平来启动所有的数据传送。$\overline{RST}$ 输入有两种功能：首先，$\overline{RST}$ 接通控制逻辑，允许地址/命令序列送入移位寄存器；其次，$\overline{RST}$ 提供终止单字节或多字节数据传送的方法。当 $\overline{RST}$ 为高电平时，所有的数据被初始化，允许对 DS1302 进行操作。如果在传送过程中 $\overline{RST}$ 置为低电平，则会终止此次数据传送，I/O 引脚变为高阻态。上电运行时，在 V_{CC}>2.0V 之前，$\overline{RST}$ 必须保持低电平。
- SCLK 为时钟输入端。
- I/O 为串行数据输入输出端。
- GND 为接地端。

DS1302 数据传输有 3 根线，分别是 $\overline{RST}$、I/O 和 SCLK。其中，$\overline{RST}$ 是使能线，SCLK 是时钟线，I/O 是数据线。当 $\overline{RST}$ 从低电平变为高电平时，启动数据传输，在控制指令字输入后的下一个 SCLK 时钟的上升沿时，数据被写入 DS1302，数据输入从低位(即位 0)开始。同样地，在紧跟 8 位的控制指令字后的下一个 SCLK 脉冲的下降沿读出 DS1302 的数据，读出数据时从低位0位到高位7。当 $\overline{RST}$ 为低电平时，禁止数据传输，其读/写时序如图10-4所示。需要注意的是：数据传输时，低位在前，高位在后。

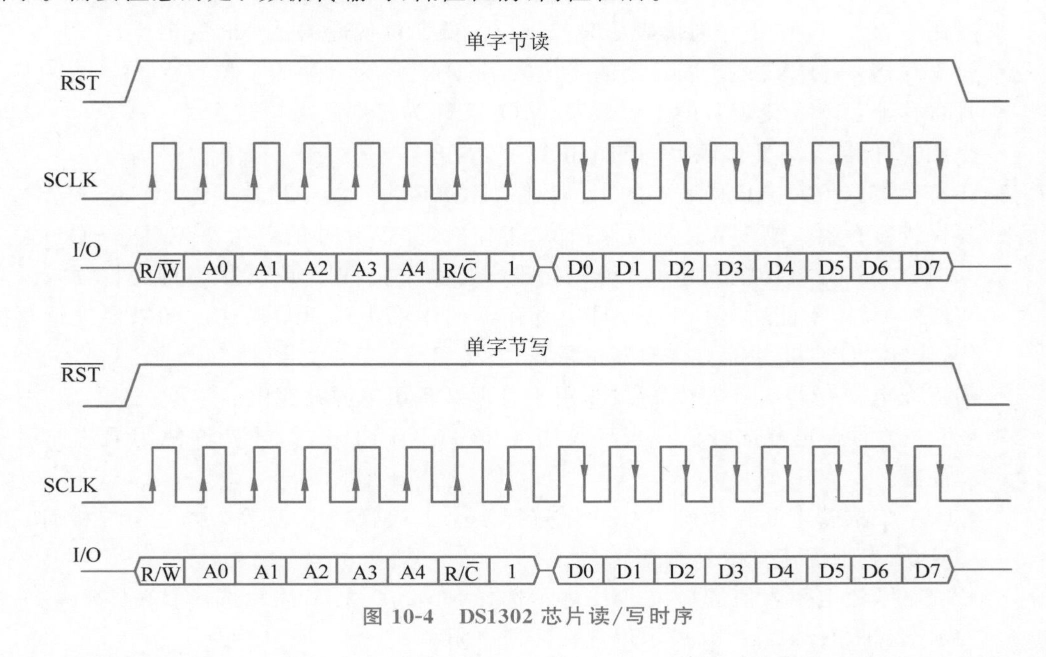

图10-4 DS1302芯片读/写时序

通过向寄存器写入命令字来实现操作DS1302芯片。下面分别介绍DS1302芯片的命令字以及寄存器。

DS1302芯片的命令字格式如表10-1所示，其命令字各功能如下：

- D7：固定为1；如果为0，则禁止写入DS1302。
- D6：RAM/$\overline{CK}$位，1表示选择操作RAM，0表示选择操作时钟/日历。
- D5～D1：读写单元地址位，用于选择进行读写的日历、时钟寄存器或片内RAM。对日历、时钟寄存器或片内RAM的选择见表10-2。
- D0：读写选择，1表示对DS1302读操作，0表示对DS1302写操作。

注意：*命令字(8位)总是低位在先，命令字每1位都是在SCLK上升沿送出。*

表10-1 DS1302芯片命令字格式

D7	D6	D5	D4	D3	D2	D1	D0
1	RAM/$\overline{CK}$	A4	A3	A2	A1	A0	RD/$\overline{W}$

DS1302有12个寄存器，其中有7个寄存器与日历、时钟相关，存放的数据位为BCD码形式，各功能寄存器及其命令字见表10-2。各特殊位符号的意义说明如下。

- 秒寄存器：最高位CH是时钟停止控制位。置1表示振荡器停止，清0表示时钟开始工作。如果 V_{CC1} 悬空或者是电池没电了，当下次重新上电时，读取这一位，那这一位就是1，可以通过这一位判断时钟在单片机系统掉电后是否还正常运行。10SEC是秒的十位数字，SEC是秒的个位数字。
- 分寄存器：10MIN为分的十位数字，MIN为分的个位数字。

- 小时寄存器：12/24 为 12 或 24 小时方式选择位，1 则代表 12 小时制，0 代表 24 小时制。AP 为小时格式设置位，0 是上午模式(AM)，1 是下午模式(PM)。在 24 小时制下，位 5 与位 4 一起代表小时的十位。低四位代表的是小时的个位。
- 日寄存器：10DATE 代表日期的十位数字，DATE 为日期的个位数字。
- 月寄存器：10M 代表月的十位数字，MONTH 为日期的个位数字。
- 星期寄存器：DAY 代表星期的个位数字。
- 年寄存器：10YEAR 代表年的十位数字，YEAR 为年的个位数字。
- 写保护寄存器：位 7 WP 是写保护位，工作时，除 WP 外的其余 7 位(D0～D6)置为 0。在对时钟/日历单元和 RAM 单元进行写操作前，WP 必须为 0，即允许写入。当 WP 为 1 时，不能对任何时钟/日历寄存器或 RAM 进行写操作。如果要进行写操作，先让 WP＝0，才能对寄存器进行操作。
- 涓流充电寄存器：慢充电寄存器，用于管理对备用电源的充电。
  - TCS：涓流充电选择位。当且仅当 4 位 TCS＝1010 时，才允许使用涓流充电寄存器。
  - DS：二极管个数选择位。01 表示选择 1 个二极管；10 表示选择 2 个二极管；11 或 00 表示涓流充电器被禁止。
  - RS：限流电阻阻值选择位。01 表示选择 R1(2kΩ)；10 表示选择 R2(4kΩ)；11 表示选择 R3(8kΩ)；00 表示不选择任何电阻。
- 时钟突发寄存器：用于一次性读取或写入多个时钟和日期数据。在多字节连续读/写中，只要对地址为 3EH 的时钟突发寄存器进行读/写操作，即把对时钟/日历或 RAM 单元的读/写设定为多字节方式。该方式中，读/写都开始于地址 0 的 D0 位。当多字节方式写时钟/日历时，必须按照数据传送的次序写入最先的 8 个寄存器；但是以多字节方式写 RAM 时，没有必要写入所有 31B。无论 31B 是否都被写入，每个被写入的字节都传输到 RAM。时钟突发寄存器的设计可以提高读取和写入时钟数据的效率，减少对 DS1302 的访问次数。

表 10-2　各功能寄存器及其命令字

寄存器名(地址)	命令字		取值范围	各位内容							
	写	读		D7	D6	D5	D4	D3～D0			
秒寄存器(00H)	80H	81H	00～59	CH	10SEC			SEC			
分寄存器(01H)	82H	83H	00～59	0	10MIN			MIN			
小时寄存器(02H)	84H	85H	01～12 或 00～23	12/24	0	AP	HR	HR			
日寄存器(03H)	86H	87H	01～28,29,30,31	0	0	10DATE		DATE			
月寄存器(04H)	88H	89H	01～12	0	0	0	10M	MONTH			
星期寄存器(05H)	8AH	8BH	01～07	0	0	0	0	DAY			
年寄存器(06H)	8CH	8DH	01～99	10YEAR				YEAR			
写保护器寄存器(07H)	8EH	8FH		WP	0	0	0	0			
涓流充电寄存器(08H)	90H	91H		TCS	TCS	TCS	TCS	DS	DS	RS	RS
时钟突发寄存器(3EH)	BEH	BFH									

在图 10-2 中，DS1302 的复位脚 $\overline{\text{RST}}$ 与单片机 P2.5 相连，时钟输入端 SCLK 与 P2.6 相连，串行数据输入输出端 I/O 与 P2.7 相连。

4. 参考程序

KeilC51 是美国 KeilSoftware 公司出品的 51 系列兼容单片机 C 语言软件开发系统，提供了包括 C 编译器、宏汇编、连接器、库管理和功能强大的仿真调试器等在内的完整开发方案，通过集成开发环境（μVision）将这些部分组合在一起。可有效支持 C 语言和汇编语言程序编辑、编译、连接、调试、仿真等整个开发流程。本设计采用的 Keil μVision4 是该软件系列中单片机软件开发、应用较为广泛的一种。

Proteus 仿真软件是英国 Labcenter Electronics 公司出版的 EDA 工具软件。它不仅具有其他 EDA 工具软件的仿真功能，还能仿真单片机及外围元器件。它是目前常用的仿真单片机及外围元器件的工具之一。

系统软件设计思路主要利用 DS1302 时钟芯片进行时钟计时，再搭配一些实用的数字功能。主程序流程图如图 10-5 所示，主要分为以下几个步骤：初始化程序、中断函数、显示子程序、季节自动判定程序、日期修改程序、时间修改程序等。

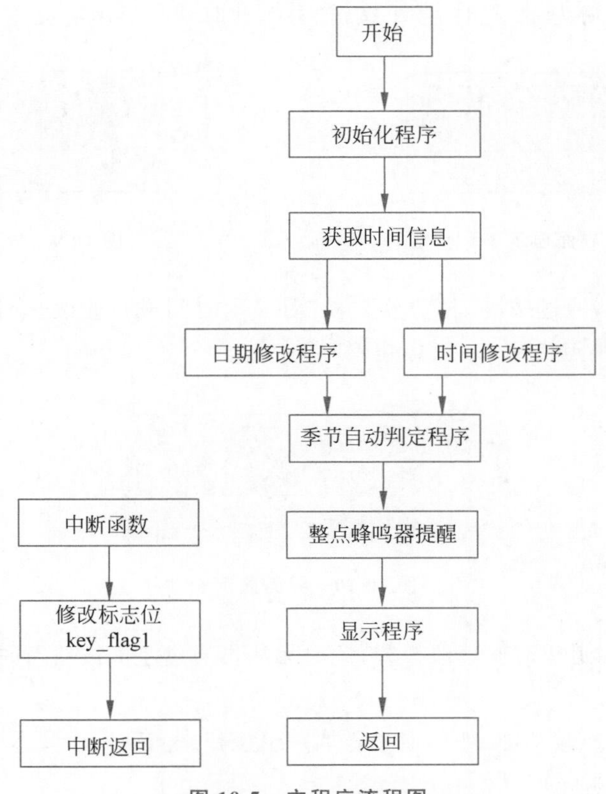

图 10-5 主程序流程图

程序中，使用了液晶显示器 LCD1602 的头文件“LCD1602.h”和时钟/日历芯片 DS1302 的头文件“DS1302.h”，将液晶显示器 LCD1602 常用到的驱动函数等函数写成一个头文件“LCD1602.h”，同理对时钟/日历芯片 DS1302 的控制函数也写成一个头文件“DS1302.h”，

程序

为程序的编写提供了方便。

具体代码程序及注释请扫码获取。

5. 实验现象演示

运行程序初始界面显示当前时间点，如图 10-6 所示。

按下 K1 键，进入时间修改模式，通过左侧按键修改时间：按下不同按键对应时间的不同增加，如图 10-7 所示，时钟显示月份为 4 月时，按两次按键"月"，LCD 液晶显示屏将显示为 6 月。此时，季节自动判定为夏季，液晶显示屏显示"summer"。

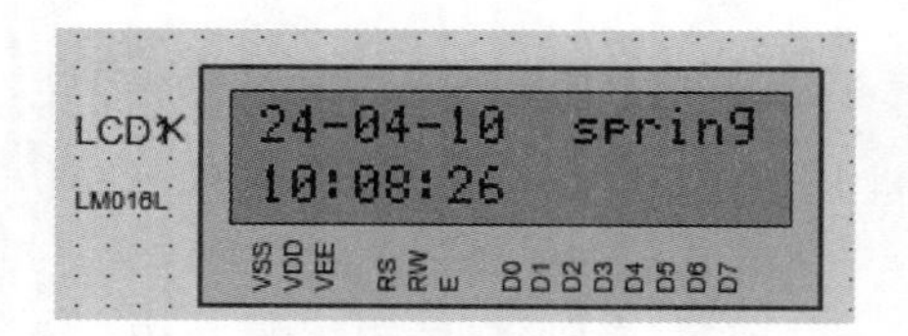

图 10-6 界面显示 1

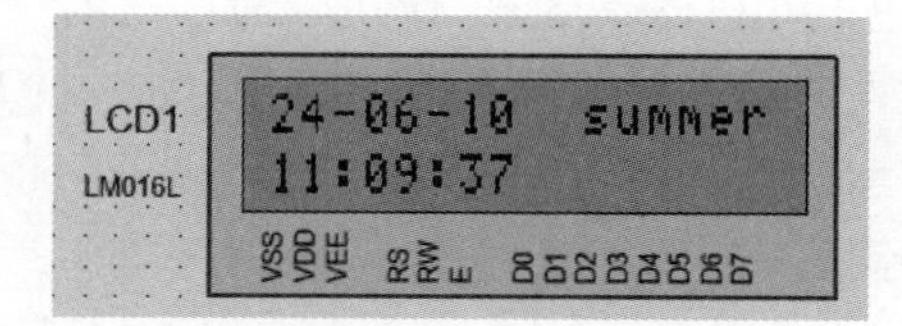

图 10-7 界面显示 2

当按下按键时所对应时间量达到最大值时，该时间量重置为最小值，如图 10-8 与图 10-9 所示，显示月份为 12 月时，按下按键"月"，此时液晶显示屏会显示 1 月。

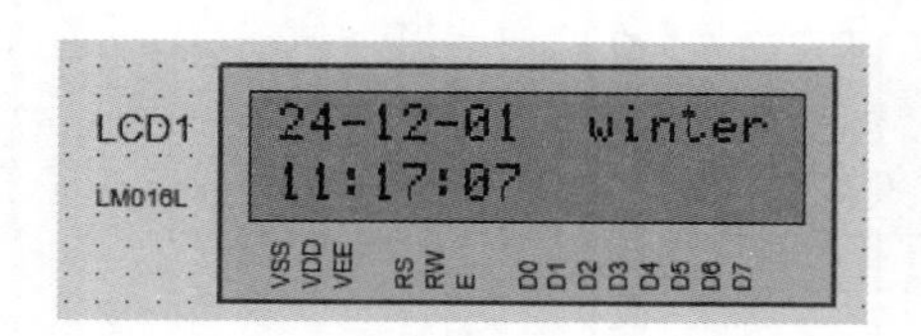

图 10-8 界面显示 3

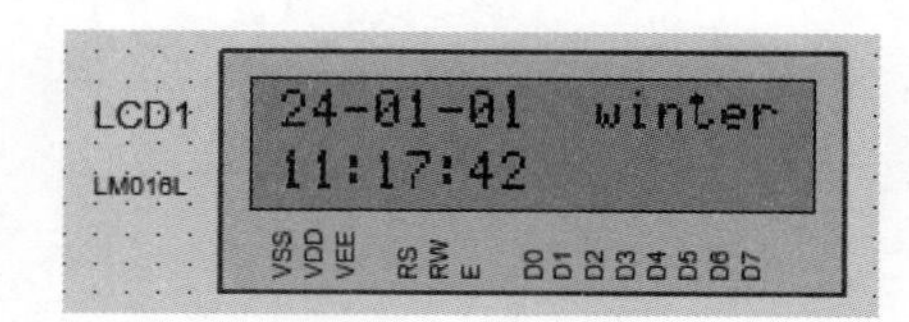

图 10-9 界面显示 4

如图 10-10 所示，通过按键"时""分""秒"对显示时间进行修改。时间修改为 12 点时，蜂鸣器会鸣叫，进行整点提醒，5s 后停止鸣叫。

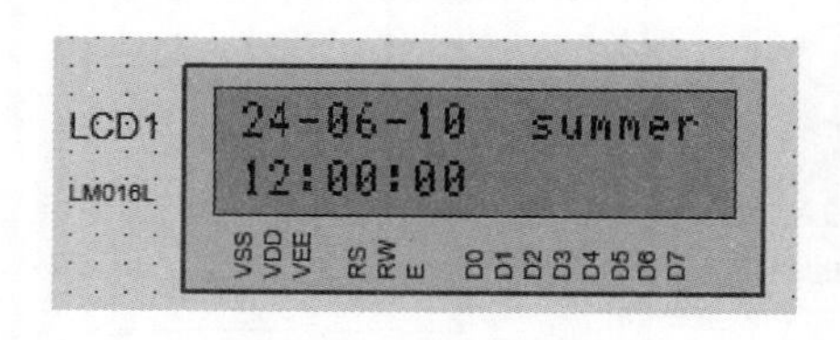

图 10-10 界面显示 5

再次按下 K1 键，退出时间修改模式，此时无法再通过左侧按钮对时间进行修改。

6. 实验思考题

（1）要实现时间递减功能，如何通过增加一组按钮来实现？

（2）如何增加闹钟定时功能？

7. 实验总结

硬件设计采用 AT89S51 单片机作为控制器，采用 DS1302 时钟模块以及 LCD 液晶显示屏作为时钟显示。按键采用独立式按键电路，每个键单独占有一根 I/O 接口线，每一个 I/O 口的工作状态互不影响。电路设有 7 个按键，K1 为"启动/结束时间修改"功能键，按下

K1键将进入时间修改模式。其余6个为“时间修改”按键，通过按下“年”“月”“日”“时”“分”“秒”来增加对应时间量。当时钟显示的时间为整点时，蜂鸣器会鸣叫，进行整点提醒。另外，系统具有自动判定季节的功能——根据显示月份自动判定季节并显示在液晶显示屏上。

10.2 温度测量系统设计

1. 实验目的

温度测量广泛应用在工业控制、农业生产、医疗仪器、家用电器等各种控制系统中。温度测量通常可以使用两种方式来实现。①用热敏电阻之类的器件，当热敏电阻接入电路时，流过它的电流或其两端的电压就会随温度发生相应的变化，将随温度变化的电压或电流采集，进行A/D转换后，发送到单片机进行数据处理，通过显示电路，就可以将被测温度显示出来。这种设计需要用到A/D转换电路。②用温度传感器芯片，温度传感器芯片能把温度信号转换成数字信号，直接发送给单片机，转换后通过显示电路显示即可。这种方法电路结构简单，设计方便，现在使用非常广泛。

本实验项目拟向学习者展示如何使用51单片机的I/O口模拟单总线时序与数字温度传感器芯片DS18B20通信，实现温度测量。

2. 实验内容

基于单片机设计一个温度测量系统，要求能实时显示温度信息，当温度高于或低于温度报警阈值，系统报警。

温度测量系统由显示模块、温度测量模块、晶振和复位电路、报警喇叭模块组成，如图10-11所示为温度测量系统原理框图。

图10-11 温度测量系统组成原理框图

系统工作时，通过DS18B20温度测量模块将实时测的温度传输到AT89C52控制模块，经过控制模块处理后，将温度信息显示在数码管上；该模块同时具有报警功能。在系统组成方面，由于采用模块化设计的方法，这样减小了编程难度，同时使程序易于维护，开发者可以方便地添加各项功能。程序可分为温度测量程序、数码管显示程序、报警程序，且需要保证各模块的兼容和配合。

3. 电路设计

系统硬件电路仿真图如图10-12所示，包括单片机最小系统、驱动器74HC245、译码器74HC138、温度传感器DS18B20、8位数码管、报警喇叭。单片机的P0口通过74HC245驱动 8 个共阴极数码管；P2 口的 P2.2、P2.3 和 P2.4 通过译码器 74HC138 连接 8 个共阴极数码管的位选端，用于位选数码管；P2.5 接报警喇叭，当温度高于或低于温度报警阈值时，其输出一定频率的信号，喇叭响；P3.7 接 DS18B20 的 DQ 引脚，实现单片机与 DS18B20 的信息传输。

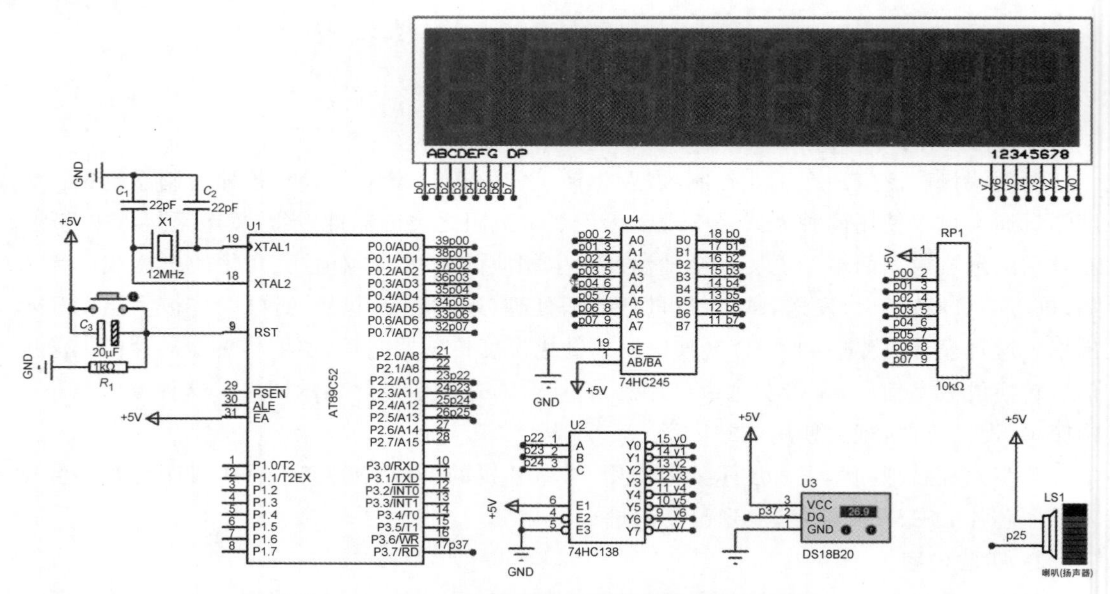

图 10-12 DS18B20 温度测量系统的硬件电路仿真图

下面对 DS18B20 模块进行详细介绍。

DS18B20 是 DALLAS 公司生产的一线式数字温度传感器，具有 3 引脚和 TO-92 小体积封装形式；温度测量范围为 −55～+125℃，可编程为 9～12 位 A/D 转换精度，测温分辨率可达 0.0625℃，被测温度用符号扩展的 16 位数字量方式串行输出；其工作电源既可在远端引入，也可采用寄生电源方式产生；多个 DS18B20 可以并联到 3 根或 2 根线上，CPU 只需一根端口线就能与诸多 DS18B20 通信，占用微处理器的端口较少，可节省大量引线和逻辑电路。以上特点使 DS18B20 非常适用于远距离多点温度检测系统。

DS18B20 的引脚排列如图 10-13 所示，DQ 为数字信号输入/输出端；GND 为电源地；V_{DD} 为外接供电电源输入端(在寄生电源接线方式时接地)。

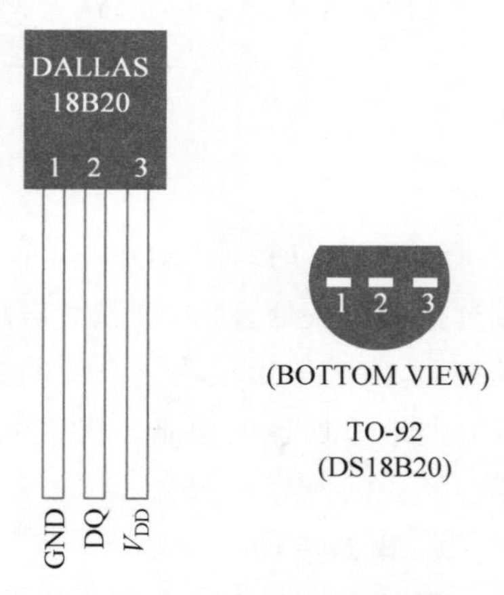

图 10-13 DS18B20 的引脚

DS18B20 内部结构如图 10-14 所示，主要由 4 部分组成：64 位 ROM、温度传感器、非挥发的温度报警触发器 TH 和 TL、配置寄存器。

ROM 中的 64 位序列号是出厂前被光刻好的，是该 DS18B20 的地址序列码，每个 DS18B20 的 64 位序列号均不相同。64 位 ROM 的循环冗余校验码为 CRC $= X^8 +$

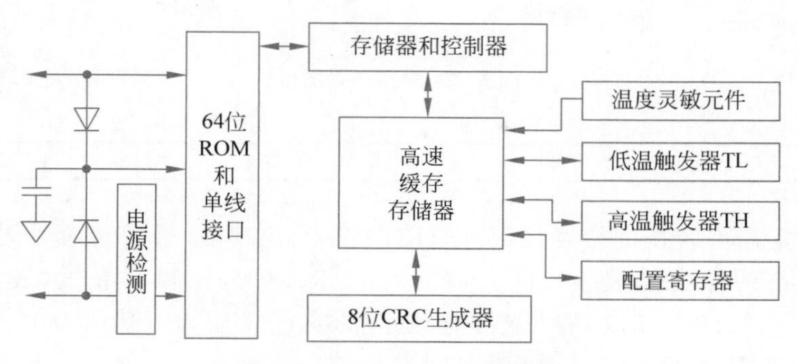

图 10-14 DS18B20 内部结构

X^5+X^4+1。ROM 的作用是使每一个 DS18B20 都各不相同，这样就可以实现一根总线上挂接多个 DS18B20。

DS18B20 中的温度传感器可以完成对温度的测量，用 16 位符号扩展的二进制补码读数形式存储在高速缓冲存储器的第 1 和第 2 字节，以 0.0625℃/LSB 形式表达。例如 +125℃的数字输出为 07D0H，+25.0625℃的数字输出为 0191H，−25.0625℃的数字输出为 FF6FH，−55℃的数字输出 FC90H。

高速暂存器是一个 9 字节的存储器，如表 10-3 所示。第 1、2 字节包含被测温度的数字量信息；第 3、4、5 字节分别是 TH、TL、配置寄存器的临时拷贝，每一次上电复位时被刷新；第 6、7、8 字节未用，表现为全逻辑 1；第 9 字节读出的是前面所有 8 个字节的 CRC 码，用来保证通信正确。

表 10-3 高速缓冲存储器格式

CRC	保留	保留	保留	配置寄存器	TL	TH	MSB	LSB

高速缓冲存储器中的温度值低字节和高字节的格式分别如表 10-4 和表 10-5 所示。

表 10-4 温度值低字节 LSB

LS Byte	bit7	bit6	bit5	bit4	bit3	bit2	bit1	bit0
	2^3	2^2	2^1	2^0	2^{-1}	2^{-2}	2^{-3}	2^{-4}

表 10-5 温度值高字节 MSB

MS Byte	bit15	bit14	bit13	bit12	bit11	bit10	bit9	bit8
	S	S	S	S	S	2^6	2^5	2^4

当温度转换命令(44H)发布后，经转换所得的温度值以二字节补码的形式存放在高速暂存存储器的第 1 和第 2 个字节。高字节的前 5 位是符号位 S，单片机可通过单线接口读到该数据，读取时低位在前，高位在后。如果测得的温度大于 0，S 为 0，只要将测到的数值乘以 0.0625(默认精度是 12 位)即可得到实际温度；如果温度小于 0，S 为 1，测到的数值需要取反加 1 再乘以 0.0625 即可得到实际温度。

高速缓冲存储器中的高低温报警触发器 TH 和 TL、配置寄存器均由一个字节的 EEPROM 组成，使用一个存储器功能命令可对 TH、TL 或配置寄存器写入。配置寄存器的格式如表 10-6 所示。

表 10-6 配置寄存器的格式

bit7	bit6	bit5	bit4	bit3	bit2	bit1	bit0
0	R1	R0	1	1	1	1	1

R1、R0 决定温度转换的精度位数：R1R0＝00，9 位精度，最大转换时间为 93.75ms；R1R0＝01，10 位精度，最大转换时间为 187.5ms；R1R0＝10，11 位精度，最大转换时间为 375ms；R1R0＝11，12 位精度，最大转换时间为 750ms；未编程时默认为 12 位精度。指令表如表 10-7 和表 10-8 所示。

表 10-7 DS18B20 的 ROM 指令

指　令	约定代码	功　能
读 ROM	33H	读 DS18B20 中 ROM 的编码（即 64 位地址）
匹配 ROM	55H	匹配 ROM，发出此命令之后，接着发出 64 位 ROM 编码，访问单总线上与该编码相对应的 DS18B20 使之做出响应，为下一步读/写作准备（总线上有多个 DS18B20 时使用）
搜索 ROM	0F0H	用于确定挂接在同一总线上 DS18B20 的个数和识别 64 位 ROM 地址。为操作各器件做好准备
跳过 ROM	0CCH	忽略 64 位 ROM 地址，直接向 DS18B20 发温度变换命令。适用于单片工作

表 10-8 DS18B20 的部分指令

指　令	约定代码	功　能
启动温度转换	44H	启动 DS18B20 进行温度转换，12 位转换时最长为 750ms（9 位为 93.75ms），结果存入内部 9 字节 RAM 中
读暂存区	0BEH	读内部 RAM 中 9 字节的内容
写暂存区	4EH	发出向内部 RAM 的第 3、4 字节写上、下限温度数据命令，紧跟该命令之后，是传送两字节的数据
复制暂存区	48H	将 RAM 中第 3、4 字节的内容复制到 EEPROM 中
重调 EEPROM	0B8H	将 EEPROM 中内容恢复到 RAM 中的第 3、4 字节
读供电方式	0B4H	读 DS18B20 的供电模式。寄生供电时 DS18B20 发送 0，外接电源供电 DS18B20 发送 1
报警搜索	0ECH	只有温度超过设定的上限或下限时，芯片才做响应

DS18B20 的一线工作协议流程是：初始化→ROM 操作指令→存储器操作指令→数据传输。其工作时序包括初始化时序、写时序和读时序，见图 10-15～图 10-17。

初始化脉冲由单片机拉低总线 480～960pμs 产生，然后单片机释放总线（输出高电平），这时总线在上拉电阻作用下恢复高电平，恢复时间为 15～60μs；DS18B20 器件收到单片机发来的复位脉冲后，向总线回应应答脉冲，应答脉冲会使总线拉低 60～240μs。

对于写 0 时序，单片机拉低总线并保持低电平至少 60μs，然后释放总线；对于写 1 时

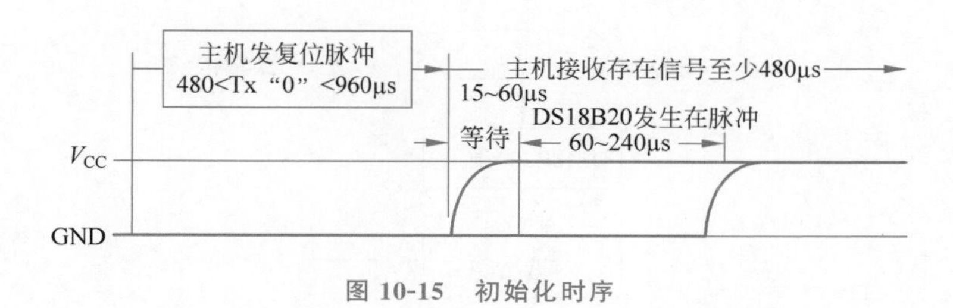

图 10-15　初始化时序

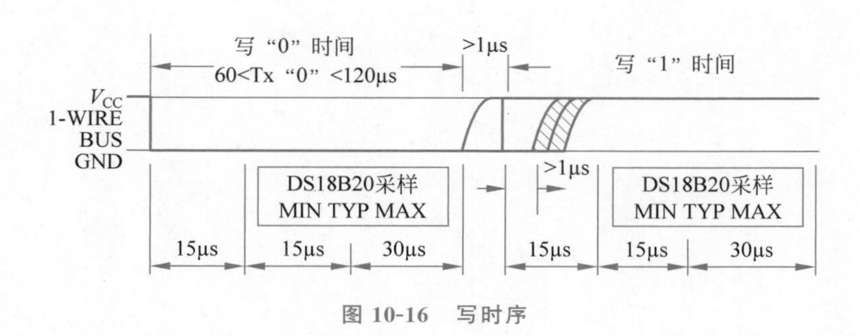

图 10-16　写时序

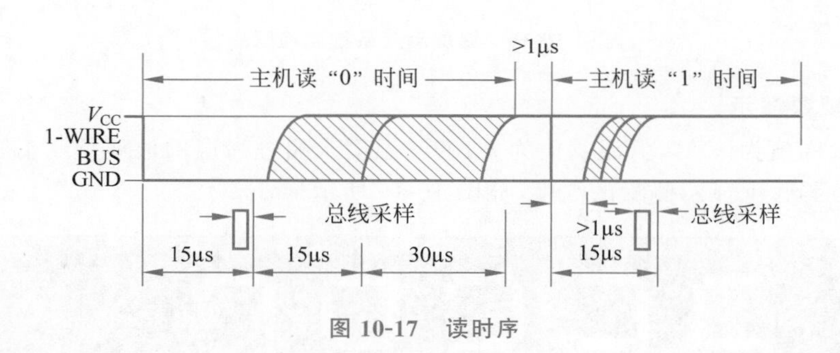

图 10-17　读时序

序，单片机拉低总线，然后在 15μs 内释放总线。

DS18B20 器件的读时序由读 0 时隙和读 1 时隙组成，读操作时单片机要首先拉低总线至少 1μs，单片机释放总线后，总线电平就由 DS18B20 器件决定，但 DS18B20 器件发出的数据仅能保持 15μs，所以单片机应在 15μs 内采样总线电平。

重要的时序有两个：单总线的读传感器存储器和写传感器存储器。这两个时序为基本的函数，利用这两个函数再来完成初始化、ROM 操作指令、存储器操作指令、数据传输和转换等操作。DS18B20 具有严格的时序要求，特别是微秒级别的延迟，要求特别苛刻，编程中注意时延的精确测试。

4. 参考程序

温度测量系统软件部分首先完成初始化工作，初始化后进入循环处理，在循环过程中获得传感器采集的温度数据，对温度数据进行处理后，将温度显示在数码管上，如果超过高温阈值和低于低温阈值则报警，报警的上限和下限可以通过编程设定。温度测量系统流程图如图 10-18 所示。

程序

相关程序代码请扫码获取。

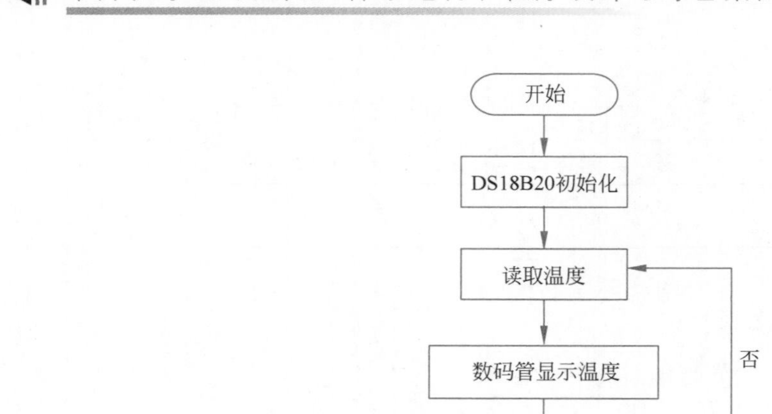

图 10-18 温度测量系统流程图

5. 实验现象演示

设定高温阈值为 30℃，低温阈值为 −10℃，温度未超过高温阈值或低于低温阈值时，运行程序后在数码管上显示测量的温度，如图 10-19 所示。

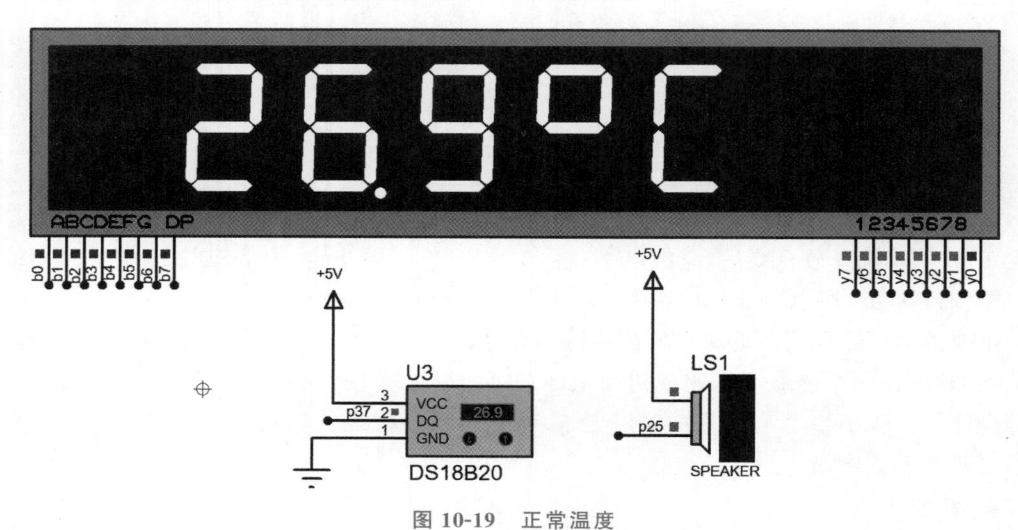

图 10-19 正常温度

修改温度值，当温度超过高温阈值时，数码管显示温度值，报警喇叭响，如图 10-20 所示。

修改温度值，当温度低于低温阈值时，数码管显示温度值，报警喇叭响，如图 10-21 所示。

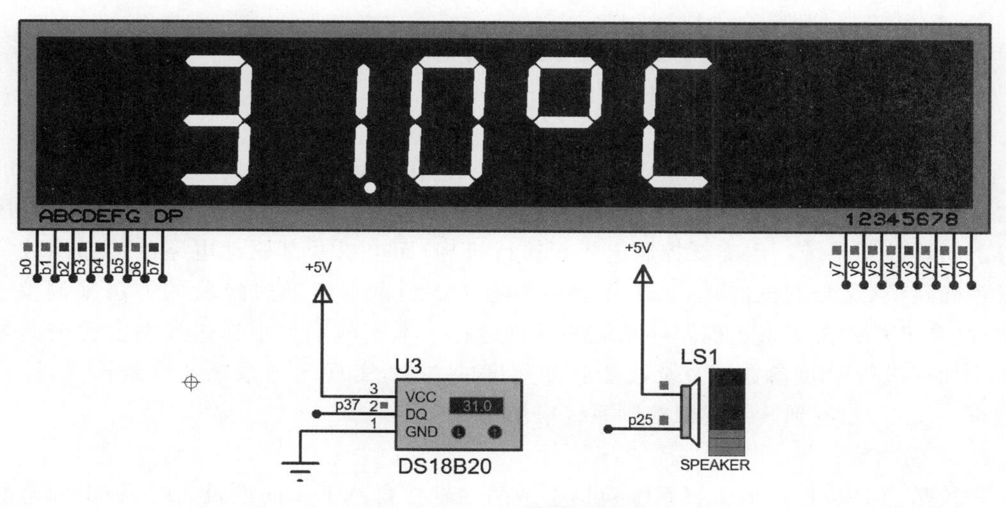

图 10-20 温度超过高温阈值

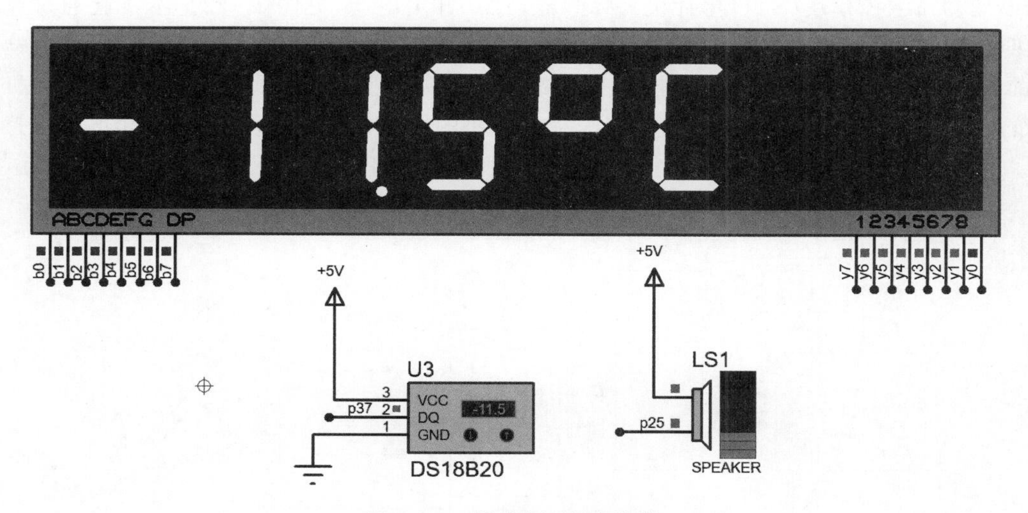

图 10-21 温度低于低温阈值

6. 实验思考题

(1) 如果温度的精度需要精确到小数点后 2 位,应该如何修改程序?

(2) 如果改用 LCD1602 液晶显示器来显示温度,应该如何设计?

7. 实验总结

本实验采用的 DS18B20 是一线式数字温度传感器,只需一根线与单片机连接,51 单片机的 I/O 口模拟单总线时序与数字温度传感器芯片 DS18B20 通信,实现温度测量。可以在程序中自行设置温度的高低温阈值,当温度超出阈值时,将产生声音报警信息。该实验项目可以延伸用于环境温度控制、测温类消费电子产品,以及多点温度测控系统等。

10.3 一种帆板控制实验案例设计

1. 实验目的

PID控制及PWM(脉冲宽度调制)技术广泛应用于闭环控制系统中，在最近几年的全国大学生电子设计竞赛中都出现，涉及包括四旋翼飞行器、旋转倒立摆、智能小车系统、风力摆等。闭环控制系统一般需要控制电机等执行机构，而电机及其驱动电路的传递函数一般很难精确建模，这与电机的耗损、工作温度等有关。目前一般通过经验的方法来调整PID参数，结合PWM技术来实现闭环系统的恒量运行。本实验项目拟通过典型实验来向学习者展示如何进行PID参数调节及改变脉冲宽度的方法，实现闭环系统的恒定输出，让应用者能举一反三，拓展到其他类似控制系统应用中。

2. 实验内容

一种基于PID控制的帆板系统包括一个两端悬挂自然下垂的纸板，在纸板上固定的倾斜角度传感器(MPU6050)，直流轴流风机，电机驱动(NPN三极管驱动)，独立按键，触摸屏(SSD1289)，主控模块(STC单片机)，蜂鸣器，12V开关电源，见图10-22。本实验通过风机吹纸板来改变帆板倾斜角度，按键来设计控制目标帆板的倾斜角度。倾斜角度传感器检测当前帆板角度，通过对角度误差进行PID调整，得到调整脉冲宽度的值，从而通过单片机来改变输出到电机驱动模块的方波占空比，控制风机的转速，实现帆板在需要的角度上保持静止。同时误差在指定范围内发出声音警示来供观测者验证。

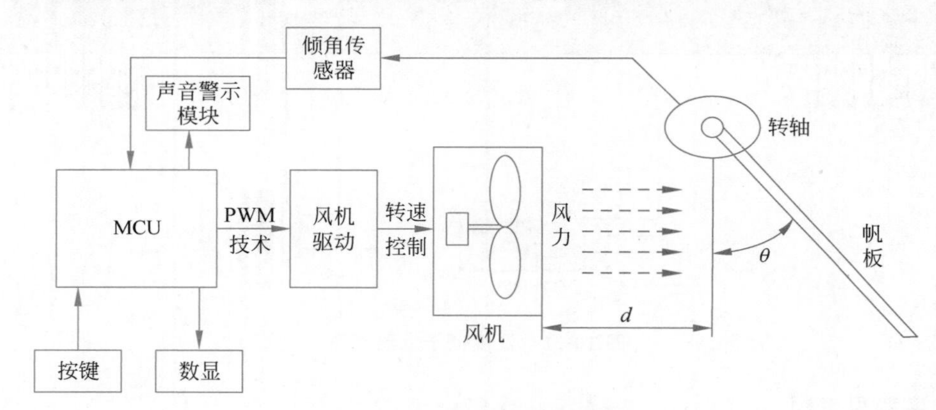

图10-22 帆板控制系统框图

要求完成以下实验，也可以后续拓展，增加其他实验要求。

(1) 用手转动帆板时，能够数字显示帆板的转角θ。显示范围为0～60°，分辨力为3°，绝对误差≤5°。

(2) 当间距$d=10$cm时，通过操作键盘控制风力大小，使帆板转角θ能够在0～60°内变化，并要求实时显示θ。

(3) 当间距$d=10$cm时，通过操作键盘控制风力大小，使帆板转角θ稳定。在45°±5°内。要求控制过程在10s内完成，实时显示θ，并由声光提示，以便进行测试。

(4) 当间距$d=10$cm时，通过键盘设定帆板转角，其范围为0～60°。要求θ在5s内达到设定值,并实时显示 θ。最大误差的绝对值不超过 5°。

(5) 间距 d 在 7～15cm 范围内任意选择,通过键盘设定帆板转角,范围为 0～60°。要求 θ 在 5s 内达到设定值,并实时显示 θ。最大误差的绝对值不超过 5°。

3. 电路设计

整个系统包括主控单片机 STC90C58RD+,2 个 4 引脚的独立按键,数字 TFT 屏 SSD1289,风机驱动 NPN 模块,12V 直流轴流风机,倾斜角度传感器 MPU6050,电源模块(12V 和 5V),声音警示蜂鸣器模块。整个系统设备结构见图 10-23。

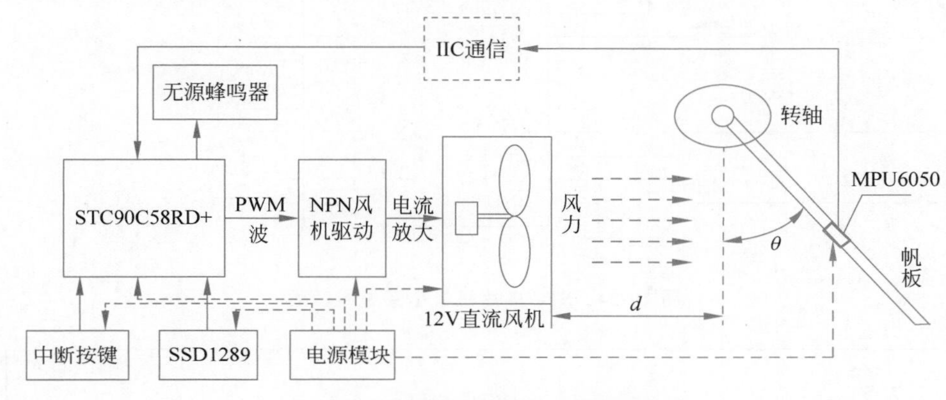

图 10-23 帆板控制系统设备结构图

简易的帆板结构中,帆板结构自制,将四脚方型板凳倒过来,四个脚就存在两两平行,将硬纸板制作的长方形帆板裁剪到合适尺寸,然后用软质导线固定帆板的长边两个角。在自身重量的作用下,静态时帆板就会保持下垂。将倾斜角度传感器 MPU6050 固定在帆板背风机面的中间位置。传感器的 Z 轴垂直帆板面,X 轴垂直于帆板的长边,Y 轴平行于帆板的长边。MPU6050 的电源和信号均通过软质多股导线与电源和单片机引脚连接。传感器模块和导线通过透明胶粘接固定,导线的连接必须不影响帆板的运动,建议尽量采用轻质导线。

风机的风力尽可能集中到帆板的中心位置,鉴于风机和帆板高度的尺寸差异,需要将风机垫高。可以采用透明胶带将风机固定在基座上,从而风力集中到帆板的中心位置。

对于其他各模块的连接没有特殊要求,利用实验台上的 0～30V 电源供给 12V 风机,5V 电源供给单片机及相应传感器模块,所有电源及信号需要共地。

单片机 STC90C58RD+包括 40 个引脚,完全兼容传统 51 单片机,见图 10-24。P0 端口 8 个引脚分配给 SSD1289 的低 8 位数据接口 D7～D0,这里采用分两次来传输 16 位数据,复用 P0 端口。CS、WR、RESET、RS、RO、BL 分别选用引脚 P1.0～P1.5,见图 10-25。4 个独立按键分别接 P1.6、P1.7、P3.2、P3.3,其中两个按键采用中断方式来完成模式的选择。倾斜角度传感器 MPU6050 的 SCL、SDA、XDA、XCL、ADO、INT 引脚分别接 P2 端口的 P2.0～P2.5 引脚,见图 10-26。P3.5 引脚连接风机驱动模块,见图 10-27。装配的实验装置见图 10-28。

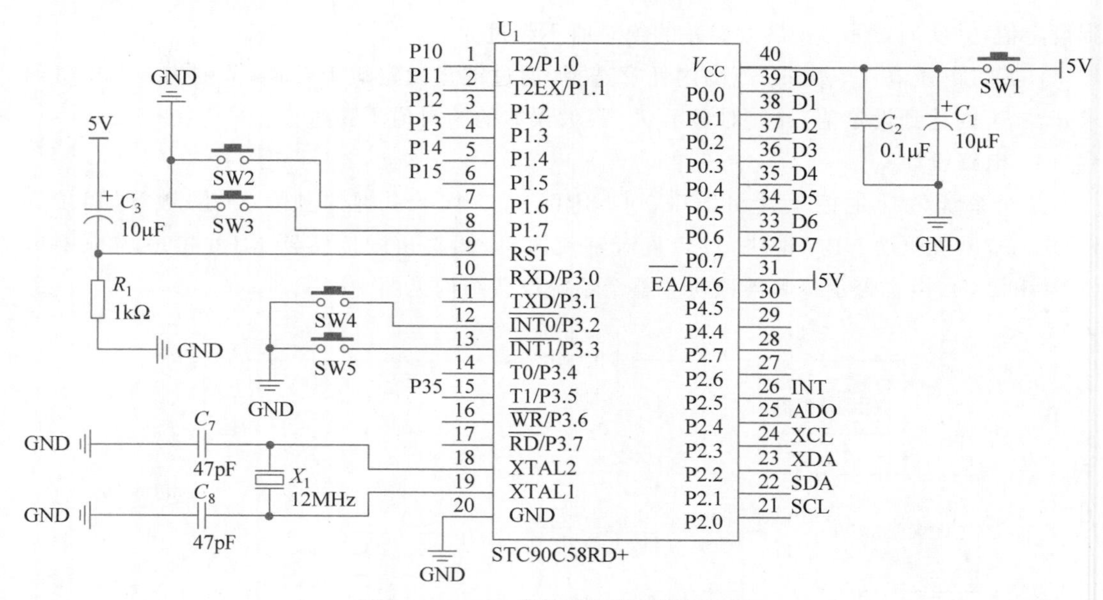

图 10-24　STC 单片机最小系统原理图

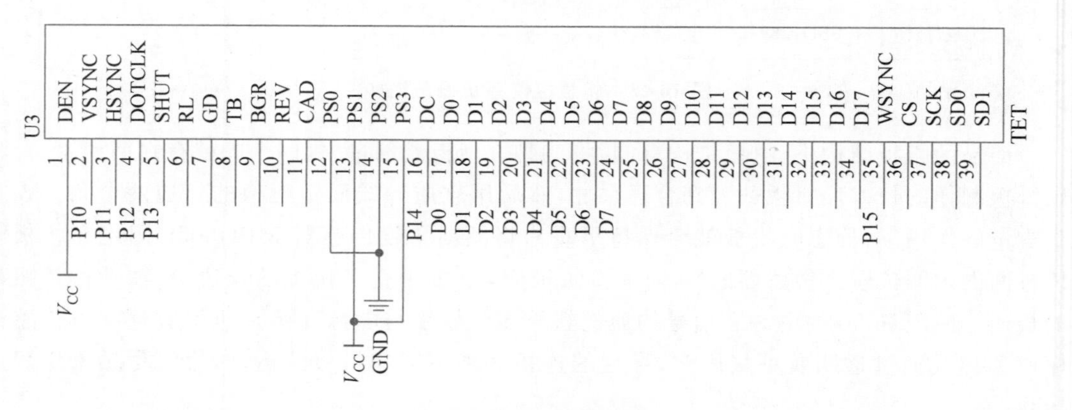

图 10-25　TFT 屏原理图

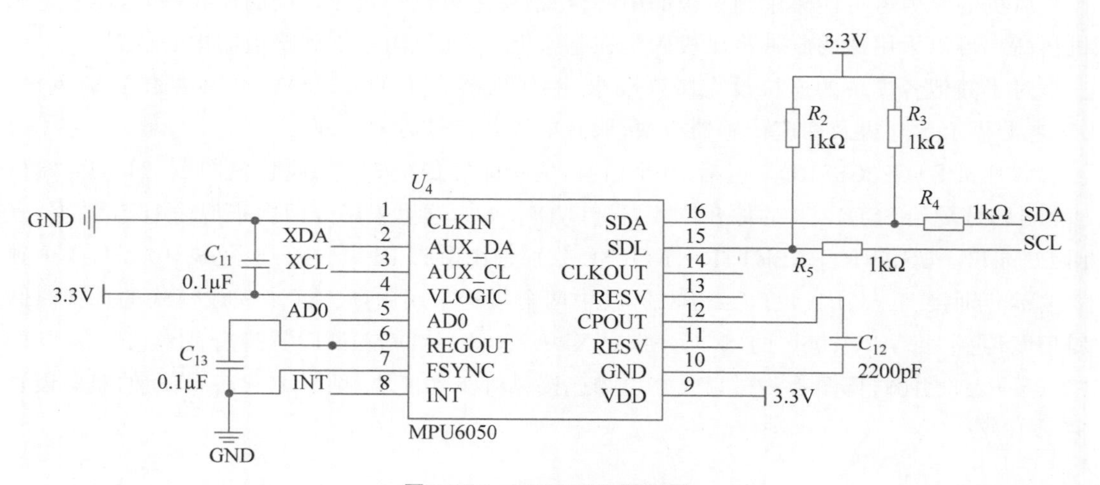

图 10-26　MPU6050 原理图

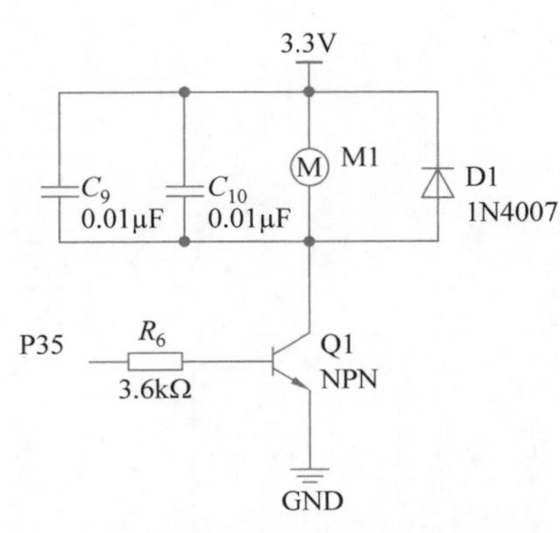

图 10-27 电机 NPN 管驱动原理图

图 10-28 帆板控制系统实物

4. 参考程序

实验涉及以下软件编程。

① 倾斜角度传感器采用了 MPU6050，传感器的输出为数字量，而且是典型的 I^2C 通信协议。所以编程需要关注典型的 I^2C 通信协议时序，否则无法对传感器的内部存储器进行读写操作。

② 由于三轴加速度计容易受高频振动的影响，需要对读取到的加速度信号进行低通滤波，可以采用数字滤波。

③ 对测量的倾斜角度和设置的倾斜角度误差的处理，有增量式 PID 控制算法，也有位置式 PID 控制算法，本实验涉及数字增量式 PID 控制算法的编程。

④ 独立按键的中断检测，对于按键必须采用中断的方式来响应，及时调整设定倾斜角度。

⑤ 基于定时器的脉冲宽度调制方波的产生。

⑥ 数字 TFT 屏的驱动及待显示汉字、字符的取模及编程。

根据实验要求，系统的软件控制流程图主要包括两个显示模式，显示模式 0 针对实验内容 1 的要求，测试者用手将帆板掀起一定角度，只需要显示帆板的角度，不需要马上调节风机转速；显示模式 1 针对实验要求(2)～(5)，根据角度设置值与实际测试值比较，通过调整电机转速来实现期望的帆板静止角度。

整个系统的软件流程见图 10-29，系统首先进行初始化，包括 TFT 屏初始化、倾斜角度传感器初始化及读数、定时器初始化设置等，然后通过模式按键来选择实验内容。模式键没有按下，显示帆板的当前倾斜角度，并不去调整风机转速。按下模式键，等待角度设置键来设置期望角度，期望角度设置好后，按照设定的程序来调整输出方波的占空比，调节风机转速，多次调整来实现稳定的倾斜角度。

本实验要求学习者在软件设计中尽量采用工程模块化编程方法。在复杂工程软件设计中，先根据软件流程图确定主函数功能函数框架，再对主函数包含的功能函数进行细化。通过添加文件到工程中的办法来实现工程的模块化。工程下主要添加用户定义的头文件(*.h)，主要配置单片机的端口信息；用户定义的功能模块源文件(*.c)主要包含各功能函数。通过这两类文件就可以实现模块化编程，在移植中就只需更改时钟、端口配置即可。

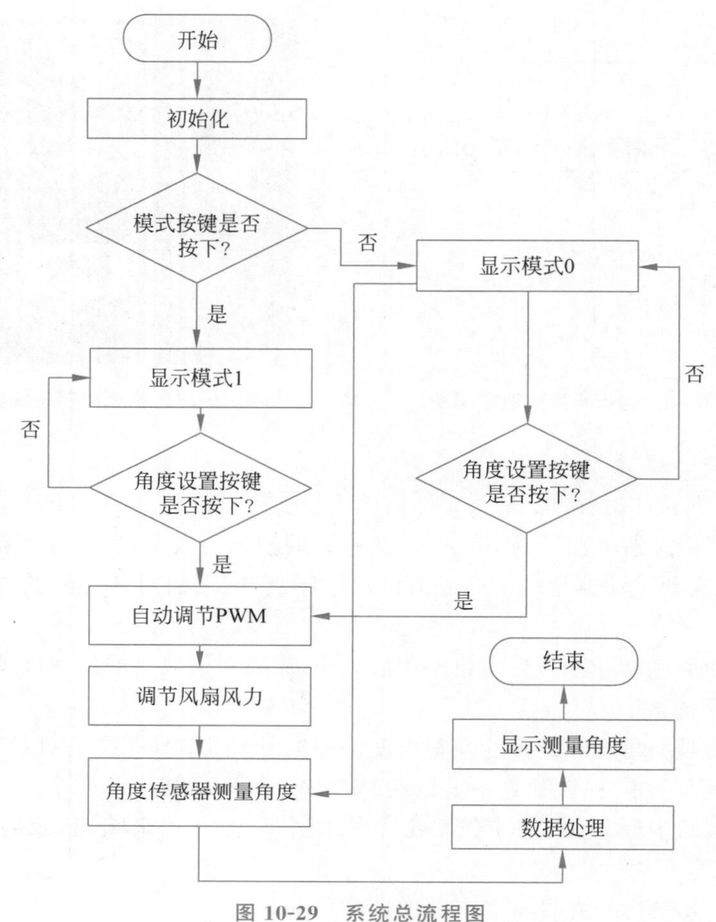

图 10-29　系统总流程图

5. 实验现象演示

本实验项目的开发环境是 μVision4 IDE，它是基于 Windows 平台的单片机集成开发环境，包含一个高效的编译器、一个项目管理器和一个 MAKE 工具。

实验项目由于费用限制没有配置硬件仿真器，采用串口来对单片机进行编程，通过 USB 转串口 D9 线完成笔记本电脑与单片机的连接。对应的编程软件是宏晶科技出品的 STC 单片机专用 ISP 下载编程软件。

本案例实验具有两种工作模式，对应两种显示模式。TFT 屏负责显示当前帆板的倾斜角度，当用手转动帆板时，屏能显示当前角度，对应风机的速度以程序初始设置的速度旋转。完成实验(1)：用手转动帆板时，能在数字 TFT 屏上显示帆板的转角 θ。显示范围为 0～60°，分辨力为 3°，绝对误差≤5°。此模式下蜂鸣器不响。

在第二种工作模式下，通过按键来设置期望的帆板固定角度，能完成实验(2～5)。

实验(2)：当间距 $d=10$cm 时，通过操作键盘控制风力大小，使帆板转角 θ 能够在 0～60°内变化，并实时显示 θ。当测量角度与设定角度误差小于 5°时蜂鸣器发声。

实验(3)：当间距 $d=10$cm 时，通过操作键盘控制风力大小，使帆板转角 θ 稳定。在 45°±5°内。控制过程在 10s 内达到设定角度，实时显示 θ，并由蜂鸣器提示，以便进行测试。

实验(4)：当间距 $d=10\mathrm{cm}$ 时，通过键盘设定帆板转角，其范围为 0～60°。要求 θ 在 5s 内达到设定值，并实时显示 θ。最大误差的绝对值不超过 5°。

实验(5)：间距 d 在 7～15cm 范围内任意选择，通过键盘设定帆板转角，范围为 0～60°。要求 θ 在 5s 内达到设定值，并实时显示 θ。最大误差的绝对值不超过 5°。

本项目实验分 3 步进行，由简单到复杂，由开环到闭环。

(1) 手动掀起帆板，通过 MPU6050 获得帆板倾斜角度，液晶屏显示帆板的倾角，上位机虚拟示波器显示角度的变化曲线。

实验现象：手动掀帆板，液晶屏能显示对应角度的实时变化，上位机虚拟示波器能显示角度的变化曲线。通过量角器比较，角度小时误差小，角度大时误差大。传感器通过初始化后显示 Done，并显示对应的角度，液晶屏显示见图 10-30。自主设计的基于 Labview 的串口示波器能观察到角度曲线的变化见图 10-31，在手动掀帆板中，手的抖动会产生曲线的毛刺。波特率为 4800b/s，在其他波特率下容易产生数据传输误差。

图 10-30 液晶屏显示的帆板角度

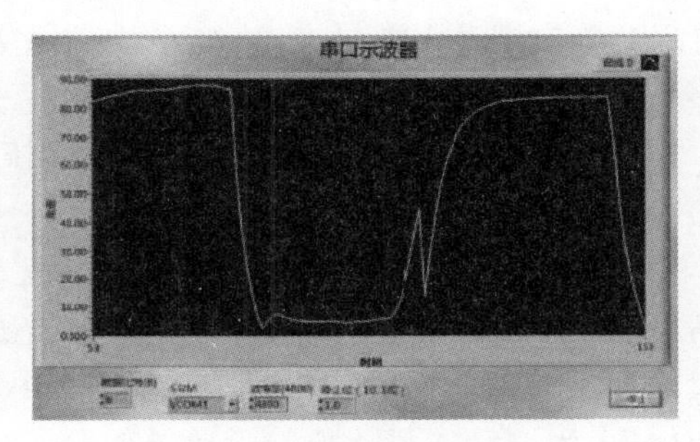

图 10-31 虚拟示波器观测到的角度变化曲线

现象分析如下：

① 传感器原理性误差：平板电容的大小与极板间隔距离成反比，间距越大，非线性越大。

② 编程换算误差：程序量大，含 2 个中断，双倍速下也容易卡死。在角度换算中，浮点数近似为整数，加快运算，但也带来了误差。

③ 由于单片机的晶振为 12MHz，所以选择波特率为 4800b/s 合适。

(2) 第二步：通过按键设置 0～100%内任意占空比，观测风机的风速变化，并记录风机开始转动的占空比阈值和 100%占空比时的帆板角度。分析占空比与角度之间的数值关系。

图 10-32 给出了不同占空比下的帆板吹起角度，通过按键能在 0～100%设置任意占空比，也能连加或连减调节。能观测到风机具有启动占空比阈值约为 10%，占空比达到 90%，帆板吹起角度近似不变。占空比与角度不具有线性关系。现象分析如下：适当增加电机驱动电压，可提高 100%占空比下能达到的角度或更换大功率风机。

(3) 第三步：按键设置目标角度，观测帆板角度、脉冲宽度变化，当角度误差小于设定值时，将提示声音。图 10-33 给出了不同设定角度下的占空比及测量角度，整定的 PID 参数相对比较合适，在 2s 内能快速调节占空比，实现帆板角度的自主控制。

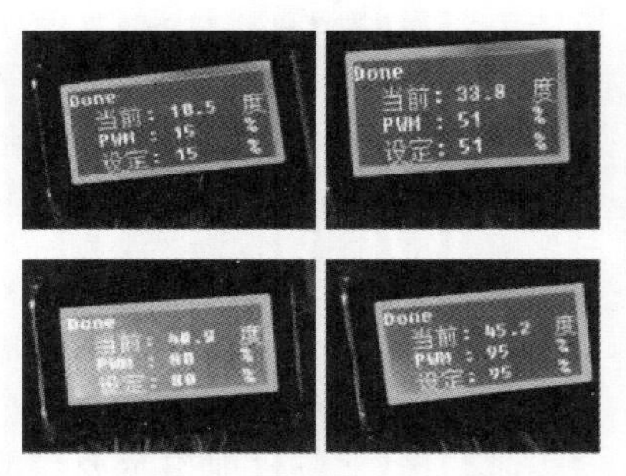

图 10-32　不同占空比下的帆板吹起角度

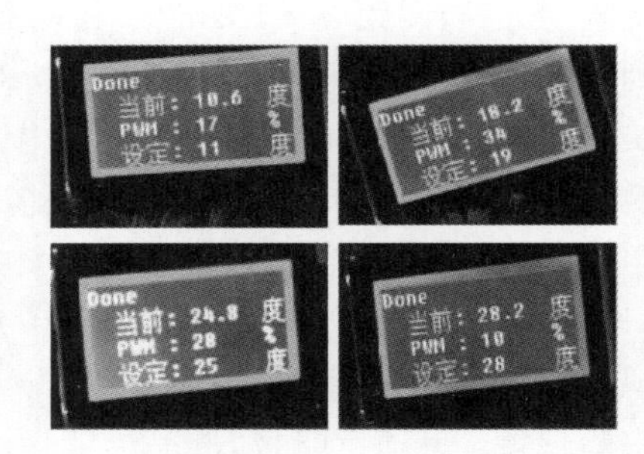

图 10-33　不同设定角度下的占空比与测量角度

实验现象：

(1) 按键能设置任意两位数目标角度，但考虑风机的功率，最大可设置目标角度为 50°。

(2) 在 45°时，PID 控制的误差不超过 1.5°，在允许误差范围内蜂鸣器发生提示。

(3) 单向摆动误差过大时，减小比例系数效果好；单位时间内在目标角度左右摆动次数多，可减小微分系数来调整。

(4) 风机驱动器改变后，参数需要重新整定。风机相对帆板位置对角度误差影响比较大。

PID 参数整定：先期设定比例系数为比较大的值，积分和微分系数为 0，目标角度为最大角度的 70%，观察帆板的摆动情况，直到出现振荡为止，记录此时的系数值，也可以从小到大增加系数值，直到振荡消失，记录该系数值，两者可以求平均；再调节积分系数，设定一个初始值，当摆动在目标值附近单一轮回回复慢，适当减小积分系数，当摆动在目标位置多次来回波动，加大积分系数；设定一个微分系数初值，偏离目标值大且回复慢，加大微分时间，单位时间内偏离目标角度误差不大，但振荡频繁，减小微分系数。

6. 实验思考题

① 实验中为什么需要加电机驱动模块？还有哪些电机驱动模块？

② 测量倾斜角度时还有哪些传感器？

③ PID 调节中，各系数的调节作用分别是什么？

④ 闭环电子系统一般有哪些通用模块？

7. 实验总结

作为面向高校的教学实验，立足于学生基本知识点的考查。作为电子信息类的实验，尤其需要系统的考查学生的动手实践及编程能力。本实验涉及典型的闭环系统结构，包括获得被测对象信息的传感器、主控单元 MCU、执行器、人机接口、显示设备、电源模块。典型的闭环控制系统通过传感器来获得被测对象信息，获得的信息与人机接口设置的目标信息进行对比，从而根据误差来调整执行器的动作，实现被测对象的恒量输出。为了实时了解和方便观测被测对象信息，显示设备必不可少。电源模块负责给各部分模块供电，直接负责系统的工作与否。整个系统的结构见图 10-34。

本实验完全符合图 10-34 的典型闭环控制系统结构，被控制对象为简易帆板，传感器为倾斜角度传感器，执行器为直流轴流风机，人机接口为独立按键，显示设备为 TFT 屏，电源包括 12V 和 5V 开关电源，STC 单片机为主控制器。通过本实验完全可以考查应用者对闭环控制系统的了解及掌握程度。本实验的嵌入式软件编程包括串口数据通信协议、增量式

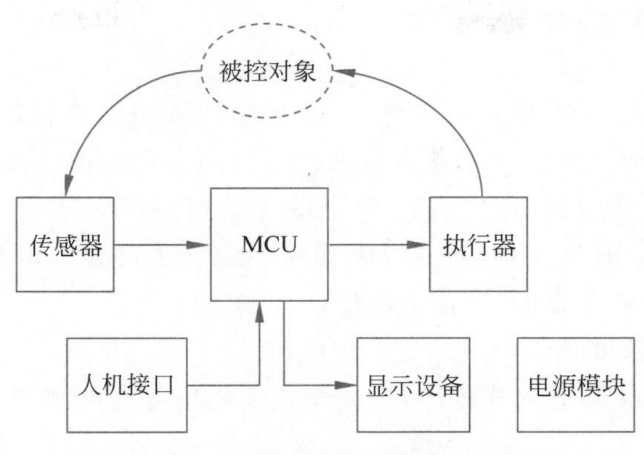

图 10-34 典型闭环控制系统结构框图

PID程序、基于定时器的脉冲宽度调制方法、单向直流电机的驱动、外部中断按键的检测、显示屏的输出等。整个实验涉及的基本知识点多,满足电子信息类人才培养和考查。

10.4 一种双模式正弦信号发生器设计

1. 实验目的

本实验项目涉及数字频率合成技术、AD转换、单片机最小系统应用、RS485总线、4～20mA通信接口、运算放大器应用等相关知识,需要学生具备电子线路综合设计并测试的知识技能,通过EDA软件设计电路原理图和PCB及焊接装配,能利用单片机等处理器完成程序设计和调试,最后测试波形参数和功能并记录测量结果及分析误差。

① 引导学生学习RS485总线、4～20mA通信接口、蓝牙、Wi-Fi等有线和无线通信协议相关知识,特别是信号的稳定隔离处理方案知识;

② 引导学生学习A/D转换原理、D/A转换原理、DDS(数字频率合成)原理及掌握相关芯片程序设计能力;

③ 引导学习正弦波产生方案及比较,扫频信号的产生方案知识;

④ 引导学生掌握单片机系统的一般性程序设计能力;

⑤ 掌握EDA软件设计电路原理图和PCB,硬件装配、调试能力等;

⑥ 掌握信号发生器特性参数的测试能力;

⑦ 引导学生掌握电子技术工程实践的规范性要求,养成严谨的职业习惯。

2. 实验内容

(1) 设计1个正弦波发生器,要求具有定频、扫频输出两种模式。

① 输出波形为双极性正弦波,正弦波峰-峰值范围为0.1V_{pp}～10V_{pp},峰-峰值步进调整为0.1V。

② 频率为20～1000Hz,频率步进为1Hz。

③ 具有声光报警与提示及自动重试功能,信号发生器通过二极管和蜂鸣器指示本产品的运行状态,并在故障时对用户发出报警提示。

④ 供电电压:±30V_{max}～±13V_{min}。

⑤ 步进调整可以选择通过:按键、RS485总线接口、4～20mA通信接口等。

⑥ 信号发生器加载负载选择纯阻性。

（2）实验内容。

① 查阅文献资料，了解正弦波应用场景，特别是工业电厂声波除尘技术；掌握正弦波产生电路产生方案，特别是数字频率合成技术(Digital Frequency Synthesis，DDS)原理。

② 查阅文献资料，掌握 RS485 总线、4～20mA 接口协议。

③ 评估正弦波产生电路方案，满足幅度和频率调整步进要求，利用按键作为幅度和频率调整输入；针对实验任务要求，评估电源设计方案。

④ 设计电路原理图和 PCB，打板，并装配电路。

⑤ 根据题目要求，编写嵌入式程序，不同模式下的信号幅度和频率调整及 LED、蜂鸣器的声光预警。

⑥ 软硬件调试，测试并记录输出波形幅值和频率及对应误差，LED 警示功能是否正常。

⑦ 扩展利用 RS485 总线、4～20mA 接口作为频率和幅度的输入接口，设计隔离电路和转换电路并完成上述任务。

⑧ 扩展接口为非纯阻性负载，设计幅度调整闭环电路，包括幅度检测和 PID 控制电路等。

3. 电路设计

本实验涵盖了典型的电路模块原理及应用，包括 MCU（单片机）、DDS（数字频率合成）、ADC（模数转换）、DAC（数模转换）、RS485 总线、运算放大、矩阵按键等。在输入端，根据学生实验项目的选择，要求学生根据组内成员能力选择不同的输入，避免同质化相似区分度小，系统原理框图见图 10-35。

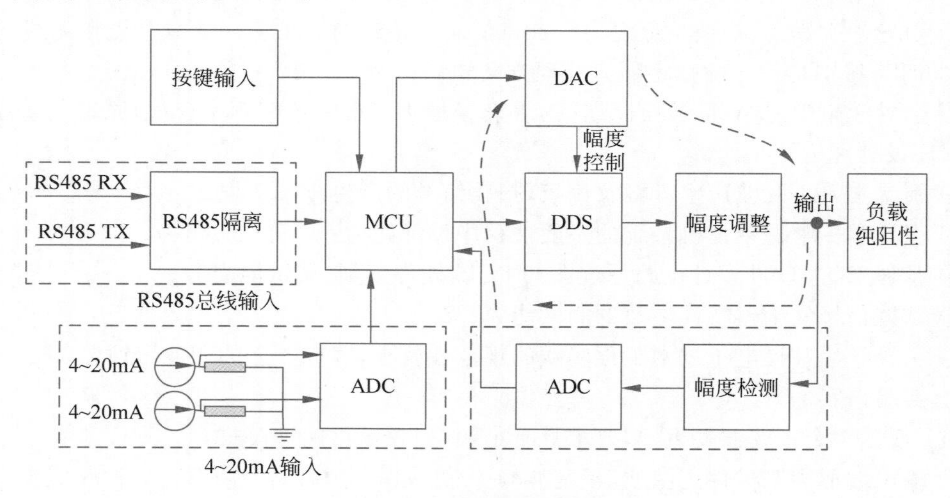

图 10-35 系统硬件框图

DDS 负责产生正弦波，可以利用 MCU 来接收 RS485 总线、4～20mA 信号、矩阵按键作为输入，调整 DDS 产生正弦波的幅度和频率。其中幅度的调整采用 MCU 控制 DAC 芯片给 DDS 的参考电压的方案。当 DDS 幅度需要双极性输出时可以利用运算放大器调整幅度和极性。当负载为非纯阻性时，不同频率对应的阻抗不一样，开环的幅度控制难以满足幅度控制精度要求，需要采用闭环控制来调整正弦波幅度，需要利用额外电路来进行幅度检测，检测得到的直流电压经过ADC后由MCU与设定电压比较，利用PID控制、AGC增益控制等方式调整DAC的输出电压，从而达到改变DDS输出电压幅度的目的，本实验具备进阶优势。

请扫码获取实验详情，包括电路方案、程序设计、实验现象提示、实验思考与总结。

实验详情

10.5 基于虚实结合的二阶系统脉冲响应测试实验

1. 实验目的

案例扩展来源于科学研究的微机械谐振器的机械特征参数辨识的问题需求，通过案例实施，让学生掌握二阶系统的特性及电路构建、M序列信号理论、相关法的脉冲响应辨识理论等；掌握单片机应用典型电路的设计及装配，包括M序列信号产生、信号运算、TFT屏显示电路、蓝牙通信、单片机最小系统等；掌握基于理论指导的嵌入式程序设计方法，包括AD采样、基于相关法的脉冲响应辨识、TFT屏曲线显示、蓝牙通信的数据推送等。通过科学问题的模拟求解，激发学生的科学研究的兴趣与信心。

通过本案例的实施，学生能够强化电路的设计和调试能力，同时，将单片机综合应用于工程项目的参数辨识中，提升单片机的程序设计能力。基于虚拟仿真和实物结合，学生能够在课下更方便地开展基于单片机的电子系统的设计学习，增加了学习的便捷性。

2. 实验内容

利用实验室所提供的电子元器件、电路模块及自购的元器件和设计的电路板，自行设计一套二阶系统脉冲响应特性测试系统，用于测试如图10-36所示的对象脉冲响应特性。图10-36中，被测对象为二阶系统，其时间常数为$T_1=2.0\text{ms}$，$T_2=1.0\text{ms}$，静态增益$K=5.0$，$u(t)$和$z(t)$是对象的输入和输出信号，输入采用M序列信号驱动。

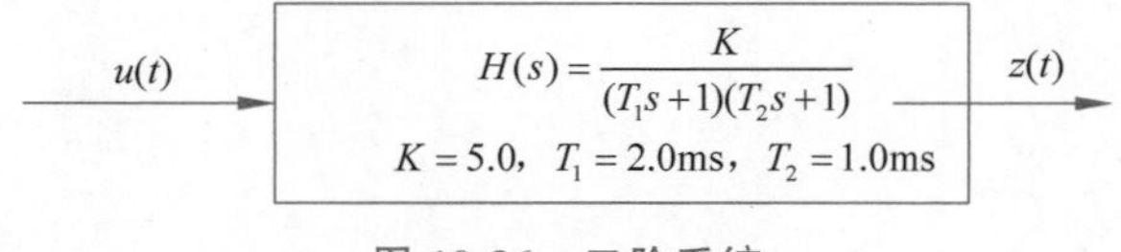

图10-36 二阶系统

实验(1)：生成M序列信号满足图10-36的测试要求，不少于4阶，可利用移位寄存器生成，也可利用硬件电路结合软件程序形式实现。

实验(2)：二阶系统脉冲响应特性测试实验(突出测试原理、测试步骤、测试过程和测试结果，除了对象脉冲响应估算和结果显示功能外，其他测试步骤要求用硬件实现)。

请扫码获取实验详情，包括电路方案、程序设计、实验现象演示、实验思考与总结。

实验详情

附　录

本附录包括附录 A(Keil μVision4 集成开发环境及其应用)和附录 B(Proteus ISIS 仿真设计工具),请扫码二维码获取详情。